世界数学遺産ミステリー 1

マヤ・アステカ・インカ文化 数学ミステリー

生贄と暦と記数法の謎

仲田紀夫著

黎明書房

はじめに

「旅の醍醐《だいご》味はミステリー、さ。」

今回も彼は、こんなセリフを残し〝中南米の三大文化探訪旅行〟へと出発していった。

彼、三《み》須《す》照《てる》利《とし》教授——通称**ミステリー教授**——は、日頃からキャッチ・フレーズに興味をもっている。前回のメソポタミア探訪旅行ではイラクのクウェート侵攻日にバグダッド空港におり立って、一週間〝人質の危機〟の中を調査（『イスタンブールで数学しよう』黎明書房参照）した上、ギリギリのところでトルコへ脱出。そのときの感想を次のように述べ余裕をみせた。

「トラブルのない旅はトラベルではない。」

彼は最近十余年、毎年のように数学誕生地を探訪し〝人間社会と数学〟とのかかわりについて研究しているが、実はそのつど、奇妙なトラブルやミステリーに遭遇し、加えて往復長時間の窮屈と異国食物の不適応などもあって、その後半年間ぐらい〝旅行後遺症〟が残る、というタチである。

そんなことから、学会などの講演で司会者から「講師の三須照利教授は、世界十数ヵ所へ数学研究旅行をされている、たいへん旅行好きの方《かた》でして……」と紹介されると、きまったように、話の冒頭で、「イヤ、実は旅行大嫌い人間なのですが、研究意欲にささえられまして……」と、ムキになって否定する、天《あま》の邪鬼《じゃく》な面をもっている江戸っ子人間でもある。

日本の社会が脳死問題――心臓摘出など――を話題にし、毎日マスコミで議論百出しているとき、〝生贄《いけにえ》の心臓供儀〟で有名なマヤ・アステカへ旅する彼は、この偶然の一致に、

「旅は小説よりタイムリーなり、さ。」

こうつぶやきながら、リュックを背おいスニーカー姿で、生贄と暦の地へでかけたのである。


三須照利教授が『ミステリー』に興味をもったのは、自分の専門〝数学〟からである。

「数ある学問の中で、数学ほどミステリーなものはない。」

これが彼の口癖《くちぐせ》であった。

あるとき、講義中に一人の学生がいじわるそうに質問した。

「先生！　どうして数学がミステリーなのですか？　僕は数学が一番明確、明瞭《めいりょう》な学問だと思いますが――。」

彼は、こんな質問がいつかあるだろう、と予想していたようにニッコリとしてから、

「ソウカ。じゃあ君は〝5〟という数を示せるかい？」

学生は、意外な質問に気を抜《ぬ》かれたようだったが、出てきて黒板に5の字を書いた。

「ナンダ！　これは単なる数字に過ぎないだろう。
▼▼▼▼▼、00000、||||、V、五と書いたってどれも同じだよ。

私の質問は、もっと高級なことを聞いたんだ。」

「5の高級って何ですか?」

学生がケゲンな顔をして聞いた。

「つまりね。5人の人、5羽の鳥、5個の箱(集合数)、5番、5位(順序数)という生きた言葉は日常用いるが、世の中に〝5〟というものはないだろう。これは抽象した、実在しないもので、きわめてミステリーじゃあないか、こんなものを対象にする数学は――。」

少しわかりかけた学生たちに、追い打ちをかけるように彼は続けた。

「いいかい、君たちは〝点〟を描けるかい。今、黒板に・と描くと、これは正確には小さな円だ。どんなに小さくしても、目に見えるものは円だろう。つまり、点という言葉はあるが、描けない。点の図形は人の頭の中だけにあるんだ。

直線も描いたらそれは細い長方形だナ。また、正方形、正三角形、円なども理想上の図形で正確に描くことは不可能さ。

だから、ダカラダヨ。数学という学問は、抽象や理想の世界でのもので、ミステリーそのもの、といえるだろう。」

彼が、この数学というミステリアスな世界から、視点をそのまま現実の世界のミステリーへと移したのも、考えてみるとごく自然の成り行きであったのだろう。

さて、今回のミステリー探訪は、世界四大文化（文明）に近年加えることが主張される三大文化（文明）といわれるマヤ・アステカ、そしてインカである。

この中南米の文化は、数学ミステリーの宝庫で、暦と天文観測、二〇進法と0、広大な地上絵という数学史学者が深い関心を示す文化地である。しかし、これまでに知られたものは、考古学者、歴史学者、地理学者あるいは文化人類学者などの視点からのもので、三須照利教授は〝数学者の目〟で新しい発見をしようと意気込んでいる。

ミステリーへの挑戦！

読者も、行動学者・三須照利教授と共に、これにのめり込み、心身をリフレッシュして欲しい。

イザイザ――。

著　者

蛇足

ミステリーは、算数・数学で解明!?

三須照利教授の名を音読みして『算数勝利《さんすうしょうり》』と言った人がいた。

〝言い得て妙〟と感心したが「ミステリーの解明」には算数・数学という学問が勝利（成功）する、と考えてみるのもおもしろい。

蛇足

カリブ海に面するユカタン半島はリゾート・名勝・保養地として世界に知られ、カンクン市はその代表地である。この名はマヤ語で〝蛇の巣（家）〟という意味。これは、かつてこの地に蛇が多く住んでいたことを示すもので、マヤの文化、宗教の中に欠くことなく蛇が登場するのも、それに原因すると思われる。

本書ではこれにちなんで、参考、補足あるいはティータイムなどの内容については、本文からはずし、随時『蛇足』の見出しの中で、述べることにした。

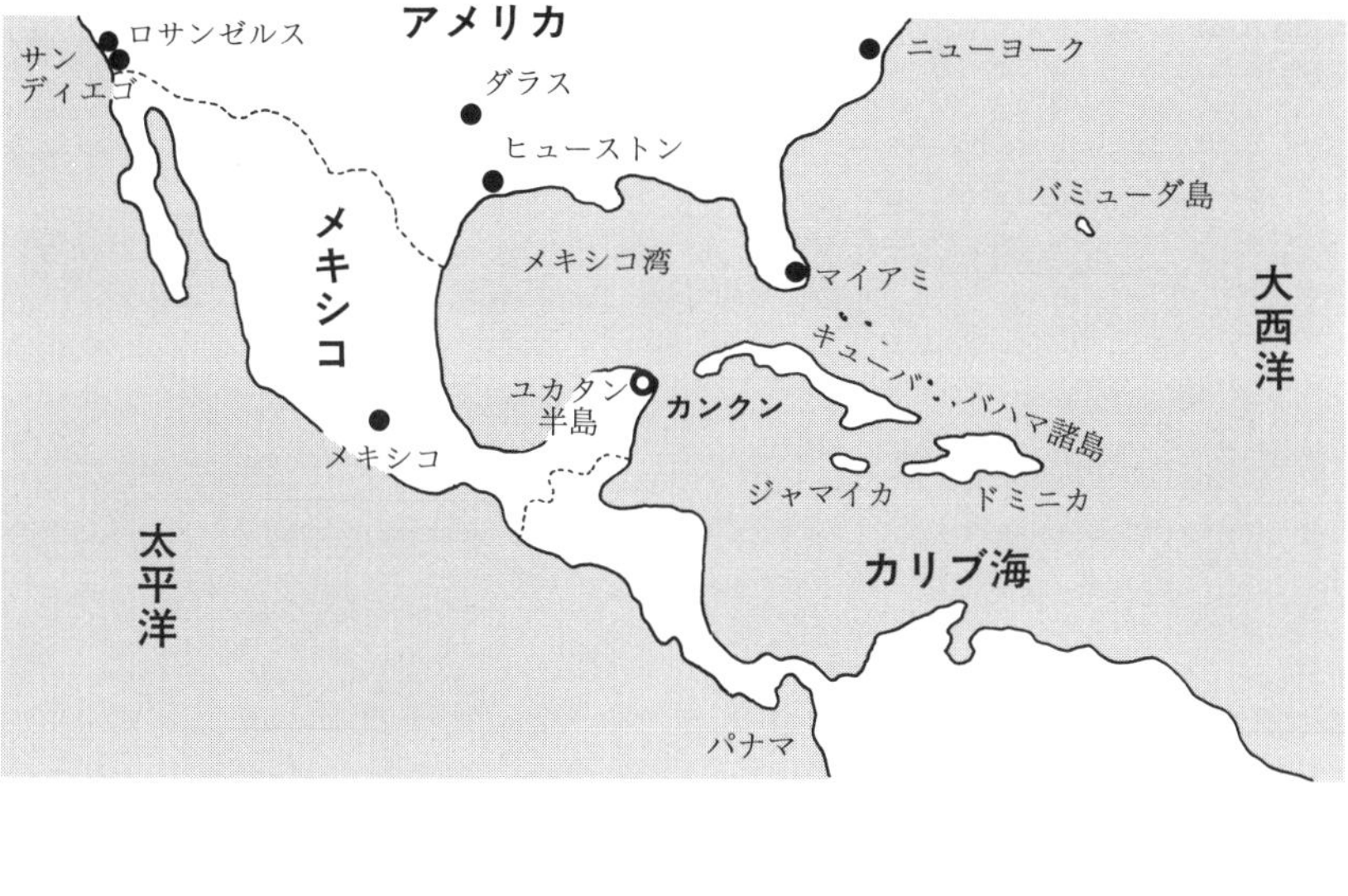

碑名の神殿から見下ろす壮大な「パレンケ宮殿」と広野

目次

第2章　〝暦の民〟と数学　51

本文イラスト：筧　都夫

パレンケの遺跡の写真を撮る三須照利教授
手前は宮殿、先方は有名な「碑名の神殿」

第1章 太陽の儀式

メキシコ人類博物館内のチャック・モール像
(腹の上に生きた心臓をのせたという。その
とき三須照利教授の手はふるえていた。
扉おもての図は、アステカの糸つむぎの図)

一、〃生贄〃からの脱出

一言が生むパラドクス

以前、人間の死は、心臓の停止、つまり〃心停止死〃をもって決められていた。

ところが人工呼吸器が開発され〃脳死〃の方が早くなり、新しい問題が発生したのである。加えて臓器移植手術の技術が進歩し、心臓移植では心臓が生きていることが必要なことから、〃生きている死体〃から摘出することになり〃人間の死〃が社会の問題となった。

三須照利教授は、たまたまマヤ・アステカの生贄《いけにえ》から心臓を摘《と》り出す供儀に興味をもっていたので、現代社会が「死の定義」をどうするかに深い関心があった。

心臓移植は「尚早」
日本心臓病学会が提言
(新聞の見出し)

現在の法律では「死」「死亡」の語を使ったのは六百以上あるのに、人の死の定義をしたのは、死産児と死体だけであるという。

かつては、人工呼吸器など、予測できなかったからであろう。

ならば、現代では死の定義はどうあるべきか。
はたして、脳死測定器での死は信頼できるのか。
将来、金持ちだけが、現代医術の恩恵を受けることにならないか。
などなどと、彼は縁起でもなく、死について日夜考えあぐねていたのであった。

成田空港をたってはや五時間、墜落の恐怖を忘れるため、目を閉じて例によって〝死の問題〟を考えることでまぎらわしていたとき、急に彼の周囲が騒がしくなったのに気付いた。

たくさんのマヤ人たちの顔が彼を見下ろし、何やらしゃべっているのだ。

「私はいま、どうなっているのだ！」

あわててこう叫んで、三須照利教授は、立ち上がろうとしたが、身体はすでに生贄台にしばりつけられている。

処刑人を従えた神官風の人物が人々をかきわけながら現れた。

「何で、この私が生贄にされるのだ！」

神官がおごそかに答えた。

「お前は――、われわれの古代の秘密を探りに来た上、いずれ本にまとめようとしている。われわれの秘密を、公にすることは許されないのだ。」

そう言うと、顔を太陽に向け、祈りながら、

「太陽神よ。今日ここに〝生きた心臓〟を捧げさせていただきます。これをエネルギーとして、明日もまた、われわれの生活のために、この世に現れて下さい。」

一緒にいたマヤ人も、一斉にお祈りを始めた。

もはや逃げられない、これで自分の一生も終りか――。

あきらめの気持ちが冷静さをとりもどしたのか、三須照利教授の目が、マヤ人の中にいる一人の日本人を見出した。しかも、かつての教え子ではないか。地獄で仏の心境になり、

「キミ、キミは木村君だろう。ナゼここにいるの？　見てないで私を助けてくれよ！」

わらをもつかむ気持ちで、やや絶叫的に呼びかけた。

「三須先生、あのとき私が研究していた人工心臓が完成し、この〝生贄の国〟マヤに招かれて来ているのです。いまおこなうのは伝統ある儀式なので止められませんが、先生の心臓が摘り出されたあと、すぐ人工心臓をうめ込みますから先生は死にません。元気で、マヤ探訪旅行ができますよ。」

妙な落着きと自信をもった語り口から、二〇年程前の彼を思い出した。

三須照利教授がかつて附属中学校の先生をしていたとき、数学の実習生としてきた彼の指導教官を担当した。彼は、最初の授業で、こう自己紹介したのである。

「私は木村といいます。（黒板に字を書く。）

大学では工学部機械工学科ですが、所属は医学部で、医学部の学生と精密機械専門の立場から人工心臓器の開発研究をし、いま、大きなセント・バーナード犬に試作品をとりつけ実験中です。成功しそうです。……」

と、自信に満ちて語り、生徒たちに印象深い話をした。

一週間後の授業のとき、教壇に立つなり、目に涙をため、

「僕らになついていた実験用の犬が、日毎にやせていったと思ったら、昨夕、ついに死んでしまったのです。徹夜で看病したんですが……。（しばらく、絶句。）

かわいそうなことをしましたが、この犬の死が無駄にならないよう、いつか人工心臓を完成するつもりです。授業の始めに涙を流して、ゴメンネ。」

あまりに感動的な話であったので、もらい泣きする生徒も出たのを、三須照利先生は教室のうしろで見ていたのである。

教え子木村の顔を見ながら、瞬間的にこんな回想をしていた。

「人工心臓はごめんだよ。キミから神官に命乞いをしてくれよ。」

木村は神官に何か伝えた。神官はしばらく考えた後、次のように言った。

「太陽神のために、心臓を捧げるのを止めるわけにはいかない。ただお前はドクター木村の先生なので、一つのチャンスをあげよう。

いま、お前に切開前の一言を言わせてやる。

○その一言が〝正しい〟とすれば、普通にマスイを使い楽《らく》にして心臓を摘出する。

○その一言が〝誤り〟ならば、直接石ナイフで胸を開き心臓を摘り出す。

そのあと人工心臓は取り付けてやる。

では、一言言え！」

三須照利教授は苦しみたくない、そう考えて〝最後の一言〟に知恵をしぼった。

幸運にも、数学でのパラドクスを思い出し、

「私は、直接石ナイフで胸を開かれます。」

と叫んだ。

神官は、この最後の一言についてしばらく考えた末、難しそうな顔をして数人の神官を呼び集めて協議をしていたが、やがてニガニガしい顔に変った神官は、はき捨てるようにこう言った。

「お前は、頭も心臓も悪く、汚れ、ずるくできているから、これを太陽神へ捧げるわけにはいかない。どこへでも勝手に行け！」

マヤ人たちは神官について、ゾロゾロと去り、三須照利教授は木村によって縄を解かれて、やっ

と自由の身になった。

からだが自由になり大きく伸びをしたとき、目を覚ました三須照利教授は、身体に巻いた毛布がズレ落ちていたのに気が付いた。

「アッ！ 夢でよかった。」

と思った後、神官を悩ませたパラドクスについて、もう一度考え直してみた。

整理すると、最後の一言が、

（正しい）——→マスイによる

（誤　り）——→直接石ナイフによる

となるが、どこが矛盾をひきおこすことになったのだろう？

〔問〕神官はナゼ悩み、そして釈放したのであろうか。

二、チチェン・イッァの遺跡

数三六五のふしぎ

チチェン・イッァ!!（マヤ文化の中心地）

テノチティトラン、テオティワカンなどと並んで、メキシコの遺跡には舌を噛みそうな名称が多い。早口言葉の得意な江戸っ子の三須照利教授も、旅行中たびたび言い間違いをしたりして、くやしがっていた。

チチェンとは「井戸のほとり」、イッァは「水の魔術師」という意味で、この地は古代マヤの中心地であり、幾多の有名な遺跡・遺物がある。（場所は巻末の地図参考）

三須照利教授の興味は、〝古代文化発祥地は大河の河畔〟という定説ともいえる条件に対し、ここには大河がない、にもかかわらず立派な文化が栄え、しかも近隣民族から尊敬を込めて、「水の魔術師」と呼ばれたことである。

この地はトウモロコシを主とした農耕地帯であるが、高原のため水に乏しい。しかし彼らは、雨期の多量の水を上手に保存し、一方、石灰地質によってできる地下水（泉）をくみ上げて利用する、という方法をとった。魔術師のゆえんである。

チチェン・イツァの有名な遺跡・遺物として、
一、「羽毛の蛇」のピラミッド（ククルカン）
二、戦士の神殿
三、天文台（カラコル、かたつむり）
四、いけにえの泉（セノーテ）
五、球戯場
などがある。

三須照利教授は、数年も前からこのピラミッドに関心をもち、ぜひ登ってみたい、と考え続けていた。

〝三六五個の階段〟が大きな魅力であった。

「いま登る。一段一段数えるぞ！」

彼は長年の夢が果たせたことで、心をワクワクさせながら、四五度の急傾斜の階段の一つ一つを数えながら登ったが、中程からポツポツと雨が降り出した。

最上段に登ったとき、まるで神様が待っていたように、突如として猛烈な大豪雨（当地特有のスコール）になり、広大な下界がかすんできた。

ピラミッドとその周辺の模型

「羽毛の蛇」のピラミッドの特徴

ククルカンと呼ばれるこのピラミッドには，次のようないろいろな特徴をもつので有名である。

1．カスティーリョ（城塞）

神殿，宮殿，城塞，ときに天文台との説がある。

2．ピラミッドの構成

四方の階段は，それぞれ 91 段。

これに最上段の 1 段を加えると，下のように 1 年間の日数になる。

91段× 4 ＋ 1段＝365段

3．巨大なカレンダー

・稜の段が 9 個

・階段の両側の層は合わせて 18 層（1 年の月数）

・各層のくぼみが 52 個（暦の周期年数）

4．光と影の蛇

春分，秋分の日の午前 9 時から「影の蛇」，午後 4 時から「光の蛇」となる。太陽の運行に合わせて，蛇がゆっくり動くように見える。

5．日没の位置

この蛇の鼻の部分の影の延長線上に，その日の太陽が沈む。

これらのことから，これを「暦のピラミッド」とも呼ぶ。

〔**参考**〕エル・タヒン（4 世紀頃の町）のククルカン——壁龕《へきがん》のピラミッド——では壁龕の数が 365 個あるという。

※暦については 56 ページ以降参照

チチェン・イツァの代表的建造物「羽毛の蛇」のピラミッド

「あまりにも偶然、ミステリーだ!!」

彼は思わずつぶやき、そして雨のカーテンの先の『戦士の神殿』を撮影していた。

「これだと、階段下の蛇が『竜』に変身して天に舞い昇るのではないか？」

そんな東洋風な空想をもとに、竜が昇るのを期待しながら、夕立ちの止むのを宮殿の中で待っていたのである。

小降りになったところでポンチョをかぶり、反対側の階段を滑らないように鎖につかまりながら、再び一つ、二つと数えてみた。

三六五という一年間の数は、数学上平凡な数であるにもかかわらず、マヤ人が、

$$91^{\text{段}} \times 4 + 1^{\text{段}} = 365^{\text{段}}$$

とした妙味とセンスに感動したのである。

三六五は、さらに興味ある分解ができるので、あとで工夫してみよう。（解答は巻末）

（ピラミッドの最上段より）

〝暦の民〟ともいわれたマヤ人は、同時に〝数と計算の民〟でもあった。

（神官）──→（天文学者）──→（数学者）の図式は、古代エジプト、インド、アラビアの各民族に共通であったし、『数』に意味をもたせ神秘を感じた（一一四ページ参照）のは古代ギリシアのピタゴラス学派に類似している。

マヤの文化はまだ十分に解明されていないが、ギリシア的な哲学が今後発見されるかも知れない、と三須照利教授は予想したりしたのである。

〝数のミステリー〟

これは近年においてもライプニッツ、ガウス、デデキント、クロネッカー、ハミルトン、カントールなどのそうそうたる数学者が、これに挑戦している。興味深いしかも、底なし沼の世界なのである。

さて〝暦の民〟の遺物に、天文台がある。（次ページ写真参照）

豪雨にかすむ戦士の神殿

天文台（カラコル）

いけにえの泉（セノーテ）

カラコル（かたつむり）と呼ばれたが、これは円形内部にらせん状の階段がついていた、その形からつけられた名称である。

現在知られている一年間の日数と彼らの得た日数との誤差は、わずか？秒というたいへん正確な計測がおこなわれていたこと、直線的暦と周期的暦（ツォルキン、ハアブ）の二種を用いていたこと、など天文観測のレベルの高さが知られている。

春分、秋分、夏至、冬至など一年間のポイントが正確に得られるためには、四角のノゾキ窓から二百年以上の継続的な観測が必要とされる、といわれる。その努力と蓄積資料はたいへんなものであったであろう。

天文台は各地にあるが、チチェン・イツァのものは円形で、比較的新しい一〇世紀頃のものといわれ、露台の高さ一〇メートル、円塔は一二メートルほどで、円形内には崩壊した部分を除いて三方向――西、南、西南――に観測口がある。これらはそれぞれ月や太陽が沈む節目となる方向を示している、という。円形上部には、天体観測を行ったと考えられる小部屋があるが、危険なため入ることはできなかった。

この天文台から、ピラミッドを対称点として反対側にも「いけにえの泉」がある。

〔問〕マヤの一年間は365.2420日、現代は365.2422日で、その差は0.0002日である。これは何秒になるか計算してみよ。

蛇足

生贄の話

古来、どの民族においても「生贄」（語源については三九ページ参照）の儀式がおこなわれたという。

生活、収穫、病気、……よろこびや困難にさしかかったとき、神への感謝や祈りの儀式で供物を奉納するわけである。ただ、マヤ・アステカのように生きた人間の心臓を用いた例はきわめて少ない。

マヤ・アステカでは、初期は貴族や神官の子、優れた戦士やスポーツマンなど、社会の上位の人間を生贄としていた。（当時は生贄に選ばれるのが誇り。）しかし後期になると奴隷や生贄目的の「花の戦争」による捕虜などが対象にされた。

一方、水の乏しい彼らは〝雨乞い〟として女や子どもを「いけにえの泉」に犠牲として投げ込んだと想像されている。

生贄の儀式の心臓を置く台（チャック・モール像）

三、心臓型とその式

作図の工夫

三須照利教授は、こと〝心臓〟については、終生忘れ難いショックを受けた経験がある。同僚が目の前で心臓死したからである。

ある年の入試後、広い図書館で一斉採点にかかった二日目の昼食時の出来事であった。

彼の隣で採点していた中川教授は、以前から心臓が悪くペース・メーカーをしていた。

「君の分も弁当を持って来てあげるね。」

三須照利教授は一声かけて事務室へ二人分の弁当箱をとりにいった。もどってきて机の上に置いたあと、いたわるように、

「いま、お茶をもってくるからネ、少し待っていて――。」

「アア、どうもありがとう。スミマセン。」

この言葉が最後であるとは、思いもよらなかった。

お茶を持ってもどってくると、中川教授の周りに同僚達が集まり、異様な雰囲気であり、見れば教授は椅子にノケゾッタ姿勢ですでに死んでいたのである。

それからは、皆と一緒に救急車を呼んだり、家族へ電話したりなど、昼食、採点などはそっちのけで大騒ぎとなった。死因は、疲労による心臓発作、ということであった。

たしかに、入試答案の採点では、長時間神経を集中させるので極度の疲労を感じる。健康体でも二日、三日と続くとフラフラになるので、病弱の方は、からだに響くことは間違いない。

このとき、三須照利教授は〝心臓死〟というのを、まのあたりに体験し、人間にとって心臓の重要性を痛感した。そして、このとき日常生活語に『心臓』を諺《ことわざ》などにしたものを思い浮かべた。

日本の宇宙開発に影響必至

愛知・小牧で耐圧試験中 心臓部が破裂

（新聞の見出し）

○心臓に悪い話
○心臓が止まる驚き
○心臓が強い人
○心臓に毛が生えている
○心臓破りの丘
○ハートを贈る
○ハートを射る
○ハートがキューン

フッと彼の関心が、心臓からさらに広がり、身体臓器へと向かった。

古来から知られた〃五臓六腑〃がある。

これは下に示すものであるが、さて、一般の人々は知っているだろうか？

ある日の講義中に、四字熟語に関連して、

「ところで君たち、この五臓六腑の名を言えるかい？」

三須照利教授は、たぶん知らないだろう、と予想しながら学生に質問をした。

案の定、全部言えたものはいなかったが、臓器に関する慣用句がいくつも飛び出した。

○肝腎要《かんじんかなめ》　○肝胆相照《かんたんあいてら》す　○肺肝《はいかん》を砕く　○臥薪嘗胆《がしんしょうたん》

○断腸《だんちょう》の思い　○大胆な行動　○肝《きも》を冷やす　など。

五臓
肺　心　脾　肝　腎

六腑
大腸　小腸　胃　胆　膀胱　三焦

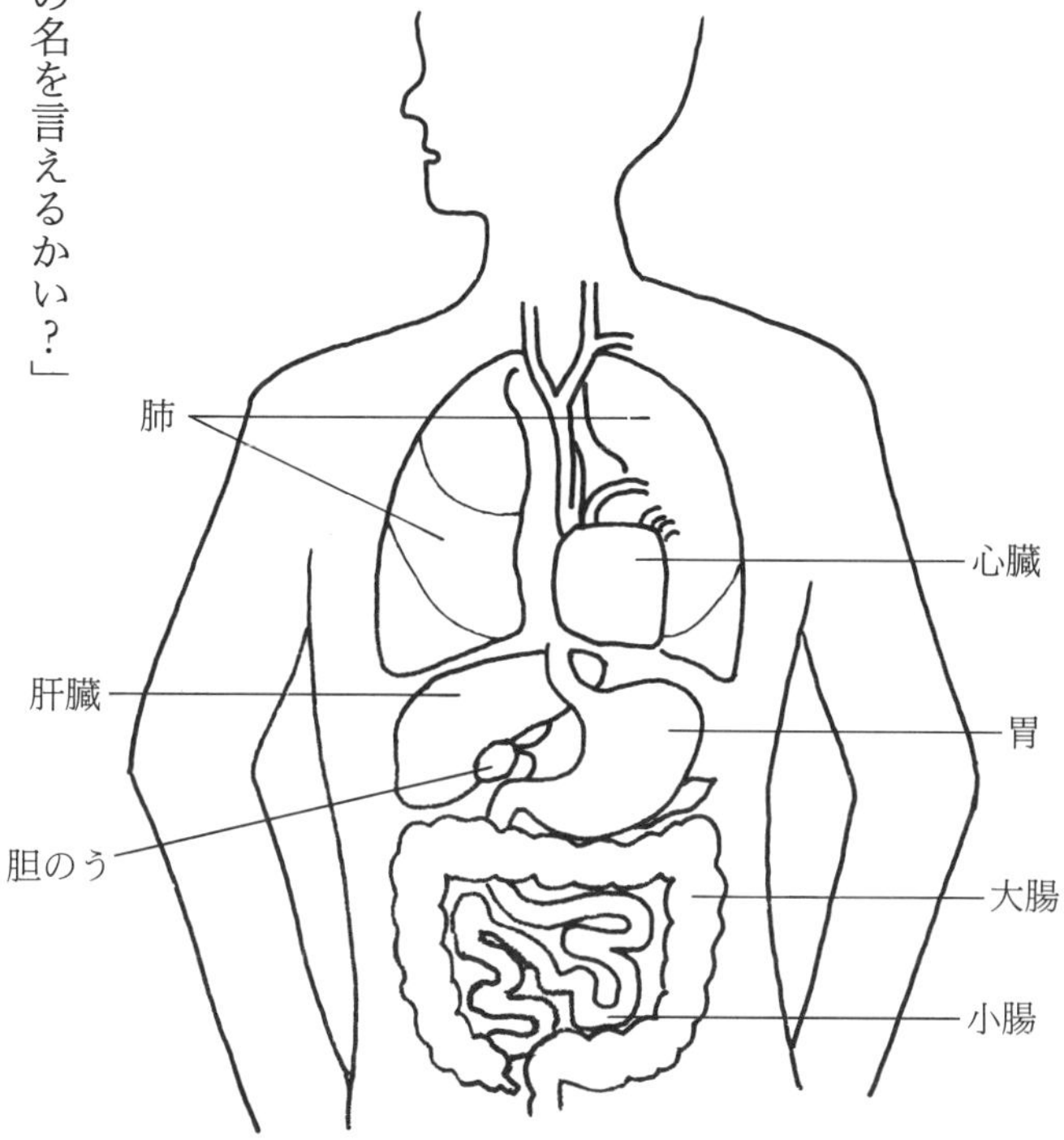

さて、再び話を五臓六腑の王〝心臓〟にもどそう。

心臓とは、血液循環の原動力を起こす器官で、周期的に収縮と弛緩《しかん》をくり返す筋肉の袋であり、桃の実状で握りこぶしほどの大きさである、という。

心臓の切り口であるハート型を数学の目で観察してみよう。

ハート型の図形的分析

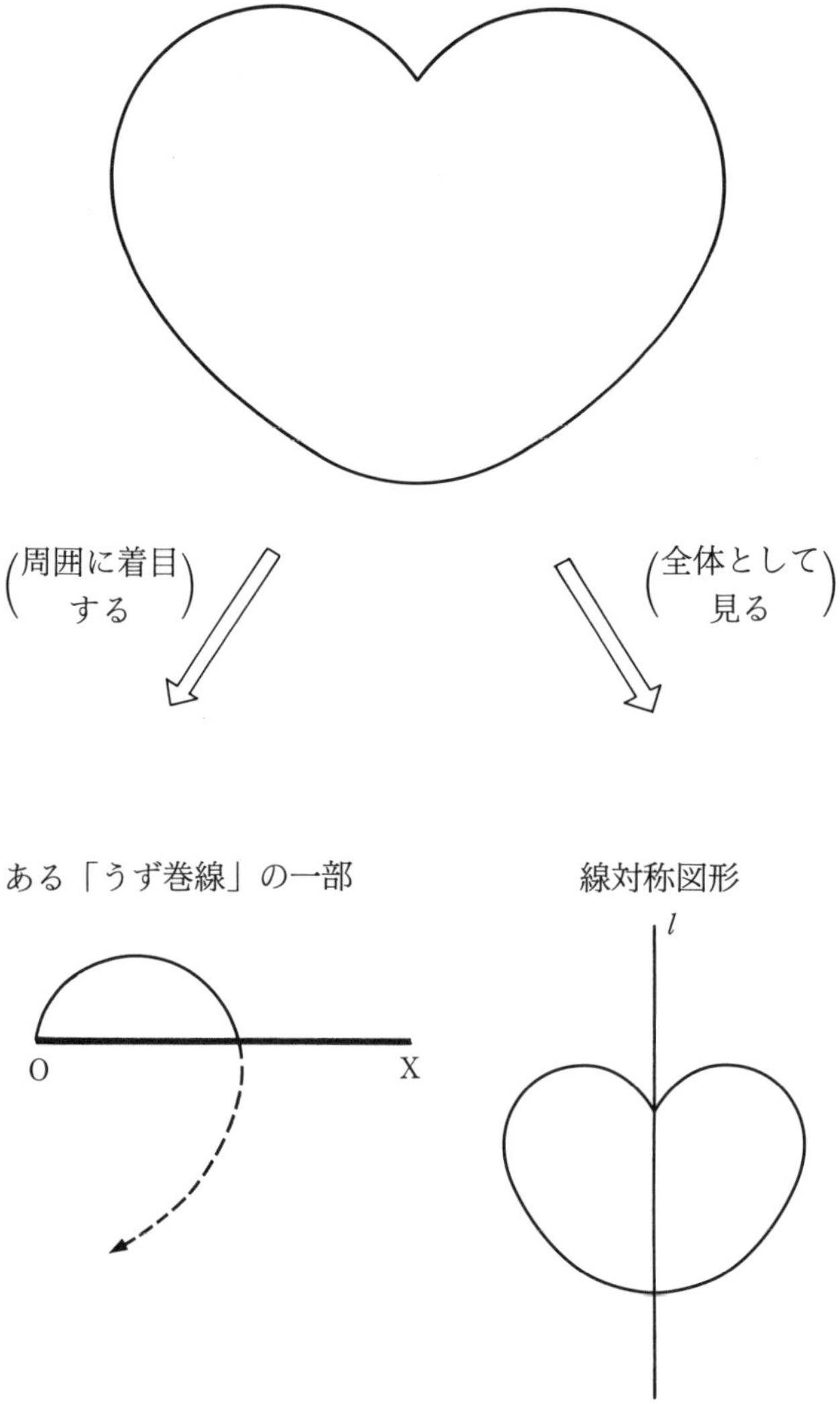

ハート型を数学上では「カージオイド（cardioid）」といい、蝸牛《かたつむり》形の特別な場合である。

カージオイドの作図は左のようにする。

この図形は、直角座標、極座標それぞれ左の関係式で示される。

カージオイドの作図法

定円Oの周りを等円Cがすべらないようにして一周するとき，円C上の１点Pが作る曲線はカージオイドである。

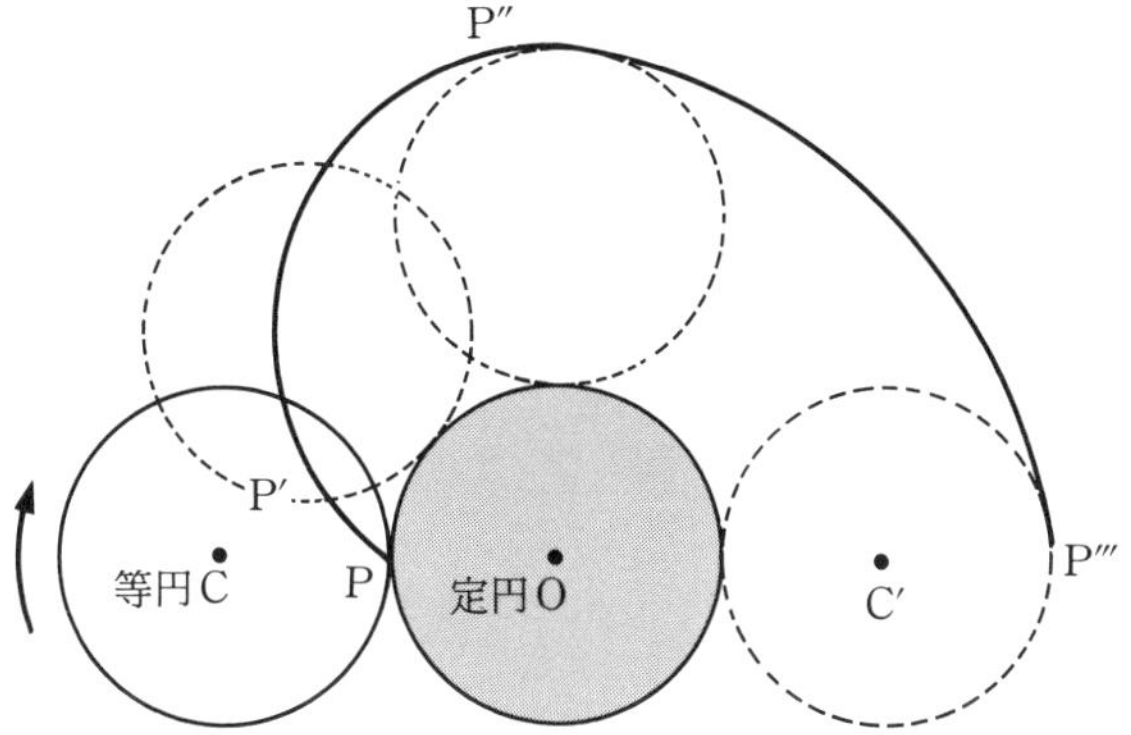

直角座標　$(x^2+y^2-ax)^2=a^2(x^2+y^2)$

極座標　$r=a(1+\cos\theta)$

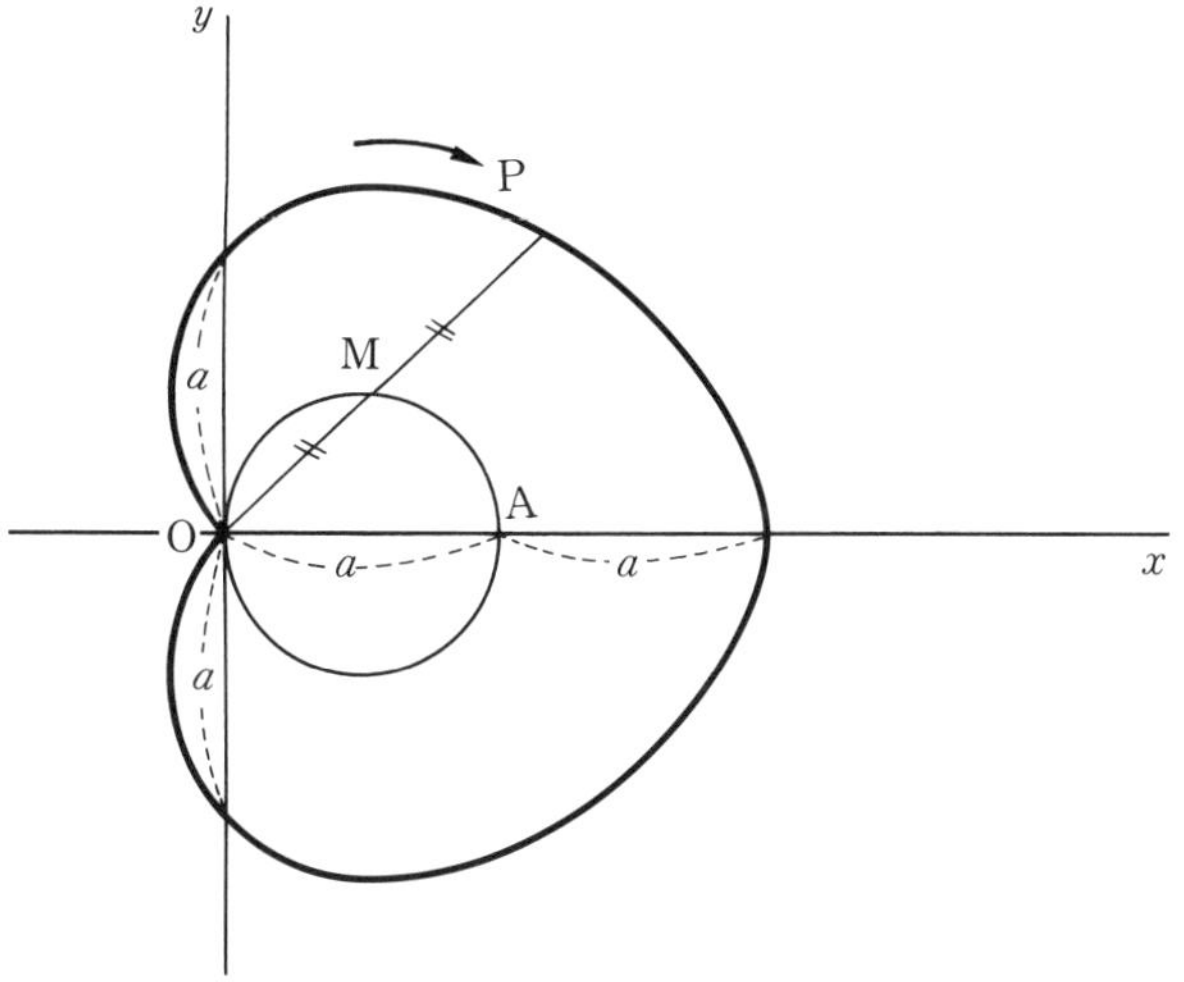

数ある図形の中でも〝円〟はミステリーな性質をもつ代表である。これについては第二巻でジックリとりあげることを予定している。

下の道具は内サイクロイドの作図用のもので、その昔、三須照利教授がＴＶの数学番組で使用した品である。

サイクロイドの作図で難しいのは円が滑り不正確になる点であるが、この道具には内円も回転円にも小さな刻みがあり、キチンと噛み合うので、正確に美しい図が描ける。

写真は、半径が$\frac{1}{4}$の小円を回転させたもので、小円は四回転して出発点にもどるが、きれいな四ツ星形が作図できる。

他の半径$\frac{1}{3}$、$\frac{1}{2}$ではどのような図になるであろうか？

$\frac{1}{4}$の円は４回転してもどる

ハート型の作図はたいへん難しそうだが、意外に簡単なことを発見したであろう。この曲線カージオイドは、別名、「外サイクロイド」という。そこで、これの仲間であるサイクロイドと内サイクロイドの曲線を作図してもらうことにしよう。

〔問〕左の説明にしたがってそれぞれの曲線を作図してみよ。

(1) 直線XY上を，円Oがすべらないで1回転したとき周上の点Pが作る曲線を描け。

(この作図からサイクロイドという曲線ができる。)

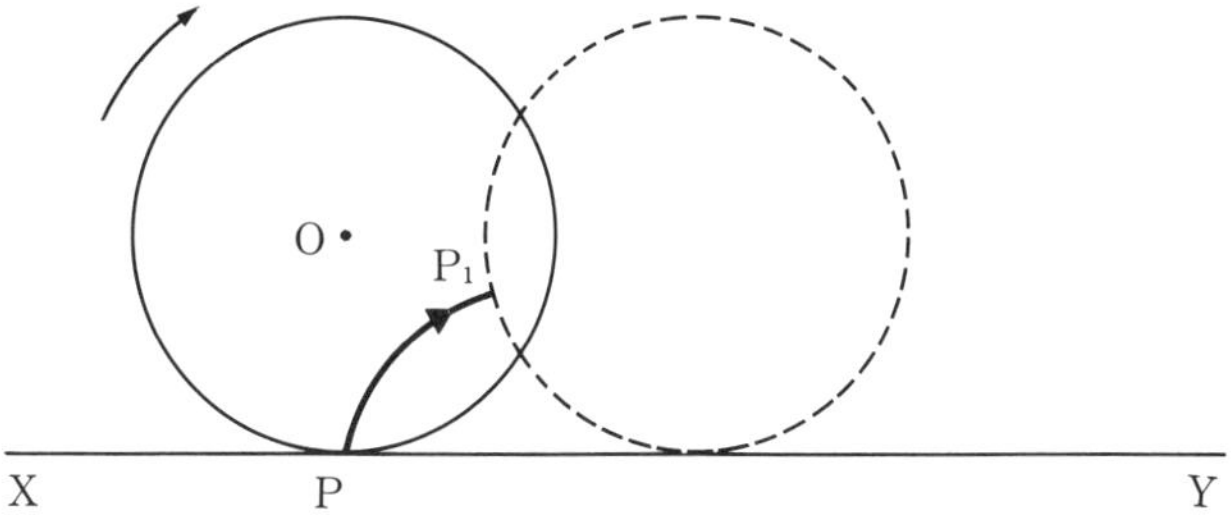

(2) 大円O内を，小円C(半径$\frac{1}{3}$とする)がすべらないで1回転したとき，小円Cの周上の点Pが作る曲線を描け。

(この作図から内サイクロイドという曲線ができる。)

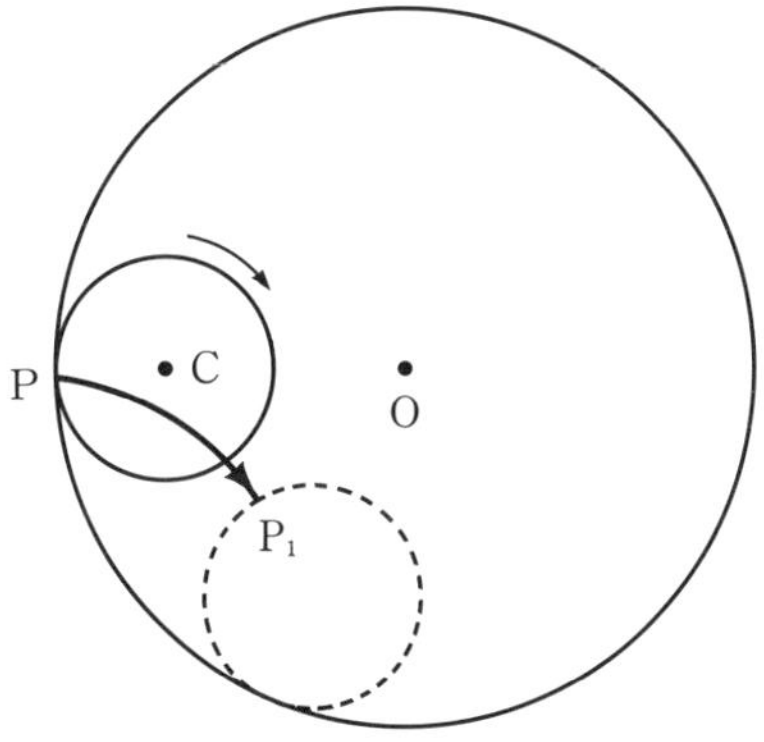

(3) 小円の半径が$\frac{1}{2}$のとき，ミステリアスなことが起こる。作図してみよう。

蛇足

サイクロイドの妙

前ページ(1)の作図から、滑らかな弓形の曲線サイクロイドが描ける。

いま、この曲線を下の図のようにして点Aからボールをはなすとき、平板の面とサイクロイド面とでは、どちらが早くボールが点Bに到達するであろうか？

直観的には平板と思うが、サイクロイドの方は途中、加速がつき、早く点Bに達する。

このサイクロイドの曲線を〝最速降下曲線〟と呼んでいる。

日本の大きな寺院の屋根が下方でそっているのは、雨水を早く落として雨漏れを防ぐためこの曲線になっている、と言われている。

どちらが先に点Bに行くか？

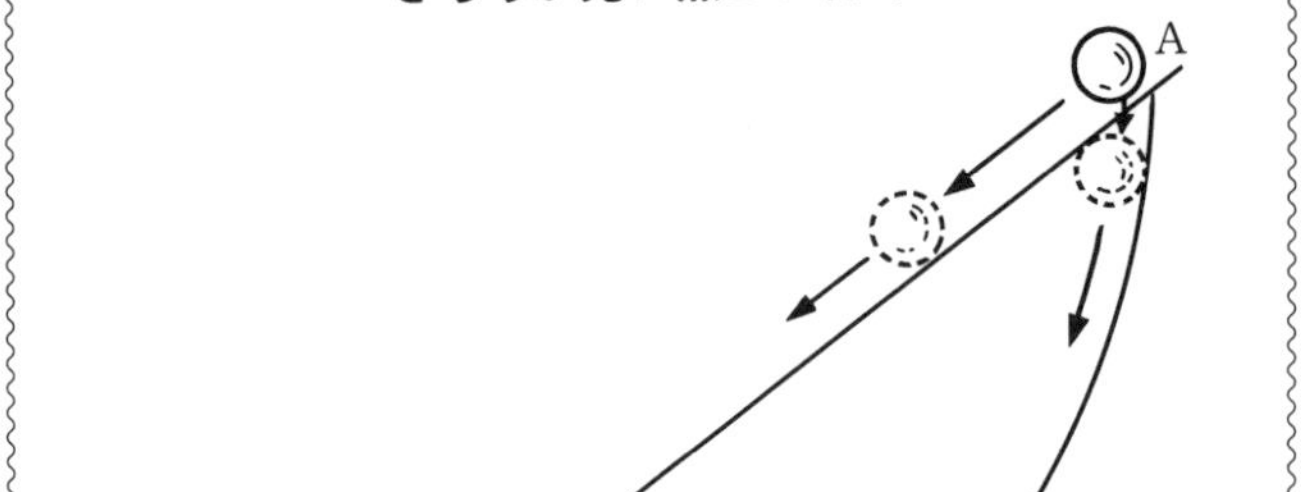

四、数学界でのイケニエ

知られない数学史

「無宗教、無神論者である私の暴言を許してもらえれば……。」

と三須照利教授は前置きしながら、

「そもそも〝イケニエ〟というものは、〝神様もワイロを取る〟という神への冒瀆《ぼうとく》が前提にあるんだから、どうも賛成できないネェー。」

「オイオイ、君の方がズゥーッと神を冒瀆している上、信者をも侮辱しているよ。」

ある宗教の信者である友人の山田君が息巻いた。

「そんなにムキになるなよ。だって〝生贄を捧げれば、人間の願いをかなえてくれる〟となると、神様はお供えがあるかないかで区別していることになり、神様は公平でない、ということだろう。」

「生贄の語源は、〝生きのよいニエ（新饗）〟で、ニエというのは食べもののこと。神を祭るとき、生きたものを供えるが、この生きものの中には穀類もあるのさ。

単にお願いだけでなく、感謝や贖罪《しょくざい》の意味もある。人身御供《ひとみごくう》の風習は〝生きものの血は神の怒りを鎮《しず》める〟という感情がこうじて起きた行事だそうだ。

生贄の意味をもっと広く考えて欲しいね。」

三須照利教授も内心、少し考えを変えなくては、と思ったようである。

「君もなかなかくわしいじゃあないか。イケニエが〝生きのよいニエ〟というのがいい。秋に、神仏へ穫れた五穀を奉納するのも広い意味ではイケニエ儀式ということができるね。神と生きた血とを結びつけたところで、人身御供の行事が始まったと考えていいようだ。」

山田君は、我が意を得たり、という顔になって話を続けた。

「何もマヤでなくても、日本だって昔話にいろいろあるだろう。

鬼や大蛇あるいは山賊へ、毎年若い乙女を人身御供にする、という話。」

「そういえば、形はちがうが現代でも、官庁や会社などで事件があると関係者を処分し、組織全体を守るという、いわば〝トカゲのシッポ切り〟とか〝スケープ・ゴート〟という方法があるネ。これも広い意味で事件をおさめるための生贄だろう。」

山田君はニヤニヤしながら、

「三須さんもやっとわかってくれましたね。

村八分や仲間はずれも、集団をまとめるための犠牲者とみればこれに属するし……。昔は城や川堤の工事のあと、その地の神様に生贄を捧げたこともあった。」

「では、いまの話を分類して表にまとめてみようか。」

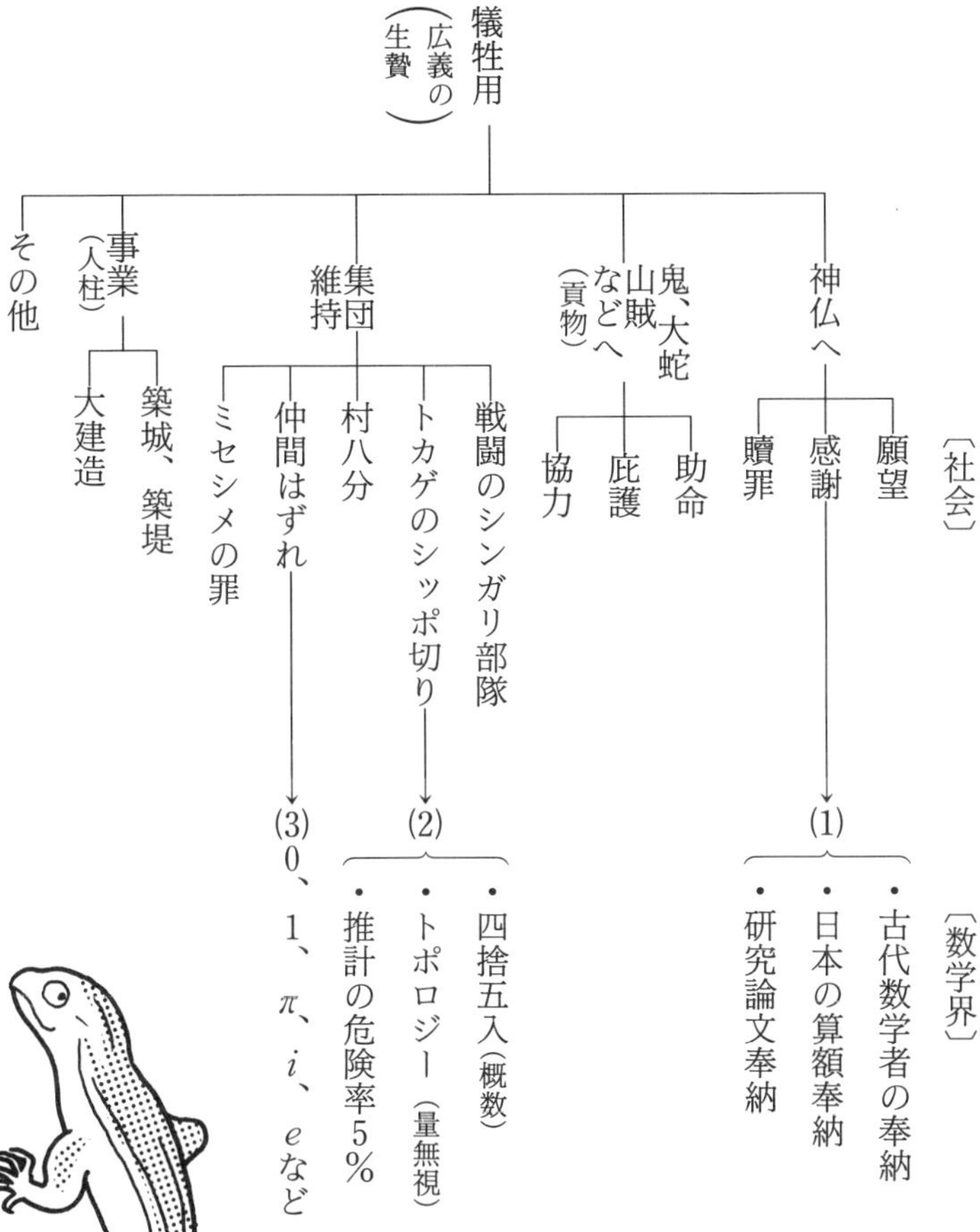
犠牲用（広義の生贄）
神仏へ
鬼、大蛇 山賊 などへ（貢物）
集団維持
事業（人柱）
その他
〔社会〕
願望
感謝
贖罪
助命
庇護
協力
戦闘のシンガリ部隊
トカゲのシッポ切り
村八分
仲間はずれ
ミセシメの罪
築城、築堤
大建造
(1)
(2)
(3)
〔数学界〕
・古代数学者の奉納
・日本の算額奉納
・研究論文奉納
・四捨五入（概数）
・トポロジー（量無視）
・推計の危険率5％
0、1、π、i、eなど

「三須さんは数学者でしょう。数学という学問はたいへん冷酷、非情なものに思えるんですが、数学界にイケニエがありますか？」

山田君が反撃に出てきた。

「アア、ちょうどその話をしようと考えていたんだ。これには外面的なもの（行事）と、内面的なもの（内容）の二種類がある、と私は思っている。」

そう言いながら、次のような話をした。

数学史上、伝説として残されているのが、古代ギリシアの数学者ターレス（紀元前六世紀）とピタゴラス（紀元前五世紀）とが左の命題を証明したとき、その感激で神へ牛を生贄として奉納した

ターレスの定理

半円にできる円周角は直角。

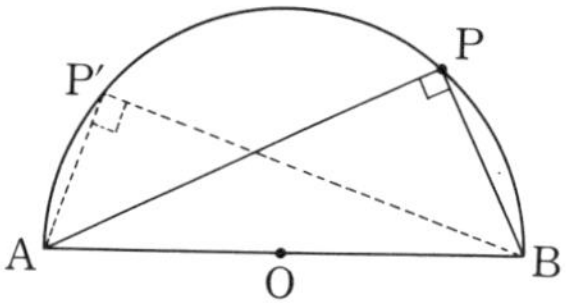

ピタゴラスの定理

直角三角形で，直角をはさむ2辺の上にできる正方形の面積の和は，斜辺にできる正方形の面積に等しい。

$$a^2+b^2=c^2$$

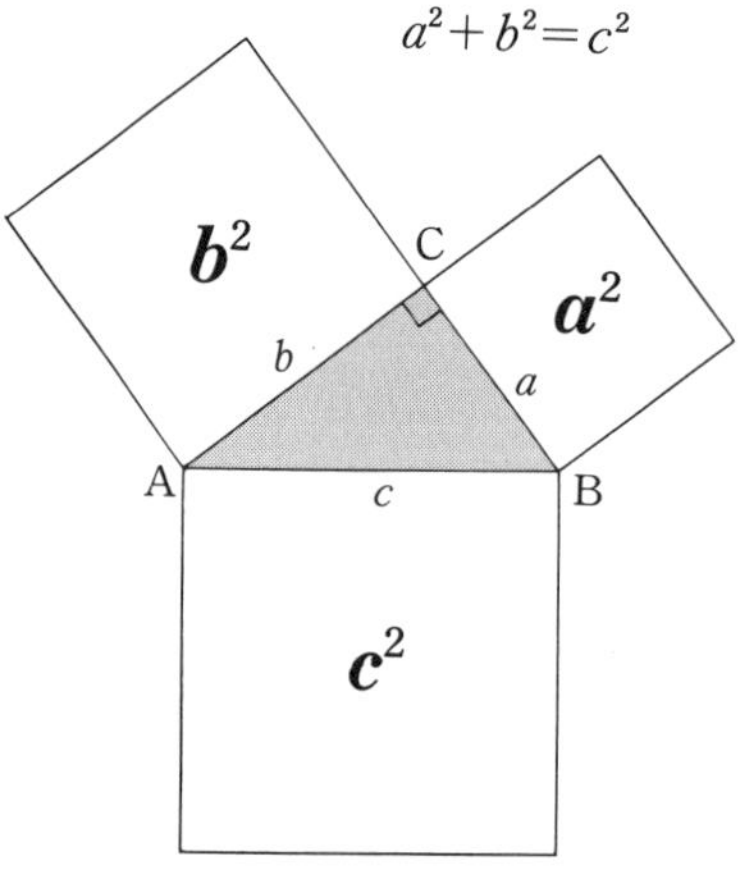

という。これは外面的なものだ。

長時間考えた末、難問と思われた問題が解けたときの感激は、誰でも一度か二度は経験があるであろう。こんなときは、突如自分の脳みそに神の暗示が入ってきたような、神への感謝の心が起こるものである。

五千年の歴史をもつ数学の世界では、ターレス、ピタゴラスに限らずたくさんの数学者が神への感謝をもち、記録にはないが、何かを奉納したと想像できる。

日本の江戸時代、偉大な発展をした『和算』では、数学上の発見や難問が解けたとき、それを〝算額〟として神社、仏閣へ奉納した。これは、昔、武士が馬を奉納した故事が変化し、

（馬）——簡素化——→（絵馬）——発想の利用——→（算額）


として誕生したものであるという。

算額は、日本中相当数が現存している。

次に、数学の内容におけるイケニエを考えてみよう。

三須照利教授は頭をかきながら、

「チョット、こじつけなんだが——。はずれ者の切り捨てと、異端児扱いのものを例としたい。」

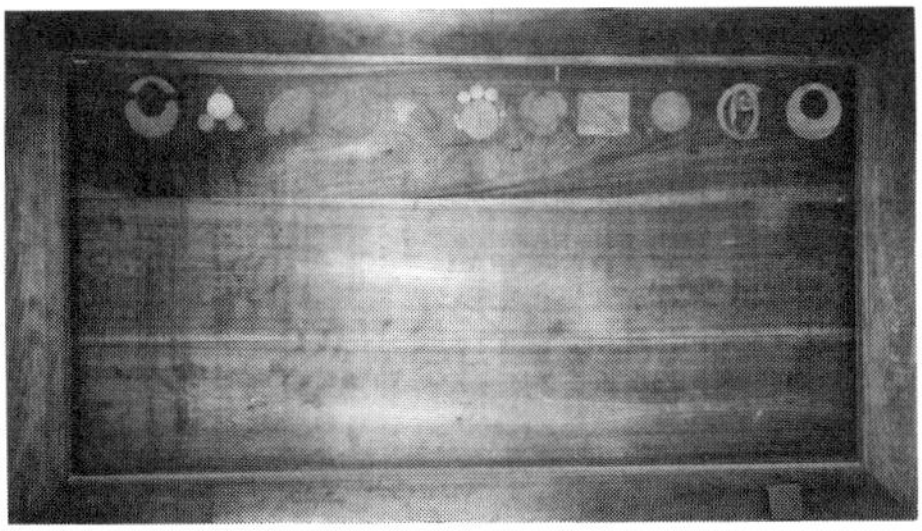
江戸時代の算額

内　　容	犠牲(切り捨て)にする部分
四捨五入	概数，概算で端《はした》を処理する
トポロジー	図形の長さ，角，面積などの量を捨てる
推計の危険率	大量生産でのデキソコナイの見込み率 標本調査でのズレの許容範囲

$$e^{i\pi}+1=0$$

そう言って、まず〝切り捨て〟の例を三つ示した。(上表)

それぞれ、目的のために一部を犠牲にし見捨ててしまっている。

次は、個性が強すぎて仲間はずれ的な存在の数についてである。数が無限にある中で、0、1、π、i、e の五個は例外的性質をもつ数の集合である。

しかも個性的でバラバラのようであるのに、上の式で示すガッチリ手を組んだ関係をもつ妙な数達なのである。

〝ミステリアス数集団〟

と呼ぶことにしよう。

〔問〕上の五個の数、0、1、π、i、e それぞれがもっている仲間はずれ的な特性をあげてみよ。

五、工芸品の幾何文様

文様・模様の分析

マヤ・アステカの文化には、数々の疑問が残されているが、特に鉄器なしで石に精巧、精密な細工をしている点がそのふしぎの代表である。

数々の建造物につけた幾何文様（模様）は、

○ピラミッド
○神殿や館《やかた》
○僧院、寺院
○球戯場

などの柱、壁面一杯に見られる。

下は有名な「総督の館」という建物であるが、壁面にどんな図が見出せるであろうか。

三須照利教授は、分析的に考えることにした。

「総督の館」の文様

一、誰が、いつ　——(例) トルテカ人とは〝名工〟の意味。一〇世紀に活躍
二、何に　——(例) 器類、衣類、装飾や建造物の壁面
三、どんなものを　——(例) 植物、動物、生活実態
四、どういう方式で——(例) ①写実、抽象　②対称形、非対称形　③単形、連続形
五、どうやって　——(例) 縄、葦、木、石、鉄

などが視点と思い、遺跡や博物館の品々を見、カメラに収めた。

そこには、他の古代各文化の幾何文様(模様)との類似点と共に相違点があり、もっとも単純な類似点は、そこの生活の身近なものを素材としていることである。

一方、メソアメリカ文化、マヤ・アステカ文化と一口で言っても巻末の年表にあるように、これらの文化の源泉を探ると紀元前千五百年前のオルメカ文化に端を発している。これがマヤ、サポテカ、テオティワカン、トルテカ、アステカなどの文化継承、そして発展へと進んでいった。つまり、一本の軸に、いろいろな民族のもつ特有な文化が混合、融和した産物である。

とりわけ、一〇世紀頃、メキシコ中央部で三百年間ほど繁栄したトルテカ人は、すぐれた芸術、建設を残したことから、近隣の民族から〝名工〟の名を与えられた。

幾何文様(模様)は直線・円型と曲線型とに大別される。簡単に言えば、キチッとした図案と、グニャグニャ図案とのちがいである。

この地の幾何文様は後者が主流になっている。

幾何模様→ ユークリッド的（直線、円が主の図）
トポロジー的（曲線が主の図）

「クロマニョン人の洞窟壁画」以来、人間は壁面にトポロジー的絵を描く、という本能をもっているのであろうか。現代でも各所に見られる。

〝幾何模様〟は用語も絵も身近！

見直しは混線模様
近距離電話料金

300個に幾何学模様の溝（新聞の見出し）

「中野公会堂」建設場の塀（1991年9月）

作者は宇宙人だったかもしれない。今はもうない「しょんべんガードのキース・ヘリング」　＝新宿区西新宿１丁目で

ガード下〝ギャラリー

（1991年8月2日付　朝日新聞より）

ここでメソアメリカの工芸品や建造物の壁面にある幾何文様の特徴をまとめてみよう。

一、場所

・品物　ペンダント、指輪、土器、土偶

・ポール　石板、石碑

・建物の壁画　彫刻したはめこみ石材が主（物語・説話風の雄渾な彩色壁画）

二、絵の特徴

・生物　蛇、ジャガー、鷲《わし》、ワニ、猫、爬虫《はちゅう》類、貝類、人面、架空生物など

・食物　主食のトウモロコシの葉やヒゲ

・自然　雨、風、空など

・生活　人物や諸行事など

三、方法

鉄器をもたないので、黒曜石のノミによる石彫、浮彫と、多彩色、刻文彩

トポロジー的図（蛇をかたどった様々なモチーフ）

メキシコシティにある立派な国立人類学博物館の品々や遺跡の各建造物壁面の幾何文様には、その細工の精巧さから、

「これが黒曜石のノミだけで作ったものか――。」

と、三須照利教授はただ感嘆したものである。

これらの中に、しばしば見られる〃絵文字〃も興味あるが、これについては後にじっくりと検討してみることにしたい。

石柱の絵文字

チチェン・イツァの蛇と壁画

テオティワカンの神殿の柱

日常生活に密着した、はた織りのための、糸つむぎ用〃紡錘車〃のおもし板の模様にもいろいろな特徴が見られる。素材は身近な動物や草花が多い。

人

犬

草

〔問〕幾何文様（模様）の作図方法について、基本的なものを言え。

第2章

〝暦の民〟と数学

チチェン・イツァの球戯場の壁面の競技者の絵
（扉おもての図は，「歯痛」と呼ばれる神聖文字）

一、マヤ文化の暦

最小公倍数の意味

「やはり、先生が昔言われたように、西暦二千年の今年、世界中でいろいろ華やかな祝祭や行事がありますね。」

「私達はまだあの頃中学生だったので、先生のおっしゃることがピンと来なかったワ。」

「先生! 当時のお祭り騒ぎとくらべてどうですか?」

今日は、もう四〇年も前に担任した中学のある学年の同期会である。髪に白いものが混じったり、そろそろ薄くなっているものもいて、若さを誇る三須照利教授は、その中の一人の生徒のようにさえ見える。ゲンに開会前の雑談中、彼に対し、

「君、誰だっけ?」

などと問いかけ、周囲の友人から大笑いされたオッチョコチョイがいたぐらいである。

冒頭の会話は、形式的な挨拶《あいさつ》、乾杯のあとの懇談で、彼の周りに集まった人達の話題であるが、それにはこんなわけがある。

三須照利教授が、中学教師をしていたとき、必ず話す内容の一つに次のものがあった。

「わたしが一五歳（昭和一五年）のとき、ちょうど〝皇紀二千六百年〟ということだった。昭和一二年に日華事変（日中戦争）が始まり、昭和一六年に大東亜（太平洋）戦争勃発という時代だったので国粋主義的雰囲気で〝世界に冠たる古い歴史と伝統ある国家〟を誇示する目的もあったようで、国をあげて盛大な祝祭が催された。

二月一一日の紀元節は、東京は花電車、花自動車が走り、昼は小旗行進、夜はちょうちん行列と、賑やかなものだったよ。このとき、わたしはフッと考えた。

世界中の多くの国々が西暦紀元を使っている。

とすると、西暦二千年ピタリの年は、世界中でいろいろ祝祭や行事があるだろうと想像される。

ヨーシ、あと六〇年だ。なんとしても西暦二千年まで生きてこれを見てやるぞー、と。

そう決心してから二〇年も過ぎ、もう一息だ。君達も皆元気で、この世界的祝祭、行事に参加しなさい。」

そして、一つの提案と一つの予言をつけ加えた。

「西暦二千年のある日、クラス会をやろう。そして花電車、花自動車の街を歩こう。その頃はいまと暦が違っているぞ。」

「一九世紀初頭にフランスがメートル法を提唱して、いまや世界中に浸透しているが、二一世紀からは『世界共通万年暦』（六〇ページ参照）が広く使われ、月日と曜日が固定していて一年間の生活設計がしやすくなるだろう」と。

それから四〇年の月日が流れ、夢にみた西暦二千年のこの日を迎えたのである。

突如、閉会のベルが鳴った。……いや、目覚まし時計であった。時は未だ一九九二年であった。

「もしネ。ある日突如として世界中にある暦が消えてしまったら、この世の生活はどのようになると思うかい？」

三須照利教授が、例によってスットンキョーな質問を家人や学生、知人にしまくっていた。

どうやら夢の後遺症のようである。君なら、これにどう答えるか？

人により、老若男女によって異なり、次のようないろいろな回答があった。

○誕生日や記念日といったものがなくなる。

○学校の時間割（曜日別）や講義時間（課目）がわからない。

○恋人や友人の待ち合わせができない。

○金融関係で約束手形など使えない。

○社会的な公式行事の予定が立てられない。　　などなど

小さいことでは、日記が付けられない、バレンタインデーがなくなって寂《さび》しい、といったものま

でいろいろ登場した。やはり、暦のない生活は現代社会では考えられないのである。

文化をもたないほどの古代人でも、素朴な暦はあったと考えられる。

ある花が咲き出したとき種をまき、あの山の頂上から月が昇ると洪水が間近で、ある渡り鳥が飛んでくると畑の収穫を始める、そしてある虫の鳴き声が聞こえてきたら、冬仕度をする……。

しかし、これはその年々の気候によって変化があり、あまり正確な目安ではない。

正確にするためには〝変化はあるが一定の周期〟をもっている太陽や月、星などを長期間観察、観測することによって正しい暦を作ることである。これは古代各民族がおこなってきた方法である。

さて、ここで歴史学者から〝暦の民〟といわれている、マヤ文化の暦について考えてみよう。

マヤ民族は紀元前一千年頃、メキシコのユカタン半島にトウモロコシを耕作する農業村落として発生し、紀元前九〇〇〜三〇〇年の間に、石と土による広場や基壇を建造した。それ以後マヤ社会に支配層が登場し、首長（神官を兼ねる）が民族の指導者となる。

彼らは神殿などを建築したり、暦を作って祭事をおこなったりした。

ここでは長期計算暦と循環暦とを組み合わせて用いたという。

「長期計算暦」は、西暦に直して紀元前三一一四年八月一三日を起点として何日経過したかを示すものである。

「循環暦」には周期が異なるものがいくつもある。これにはツォルキンやハアブなどがある。

ツォルキン（260 日暦）**とハアブ**（365 日暦）

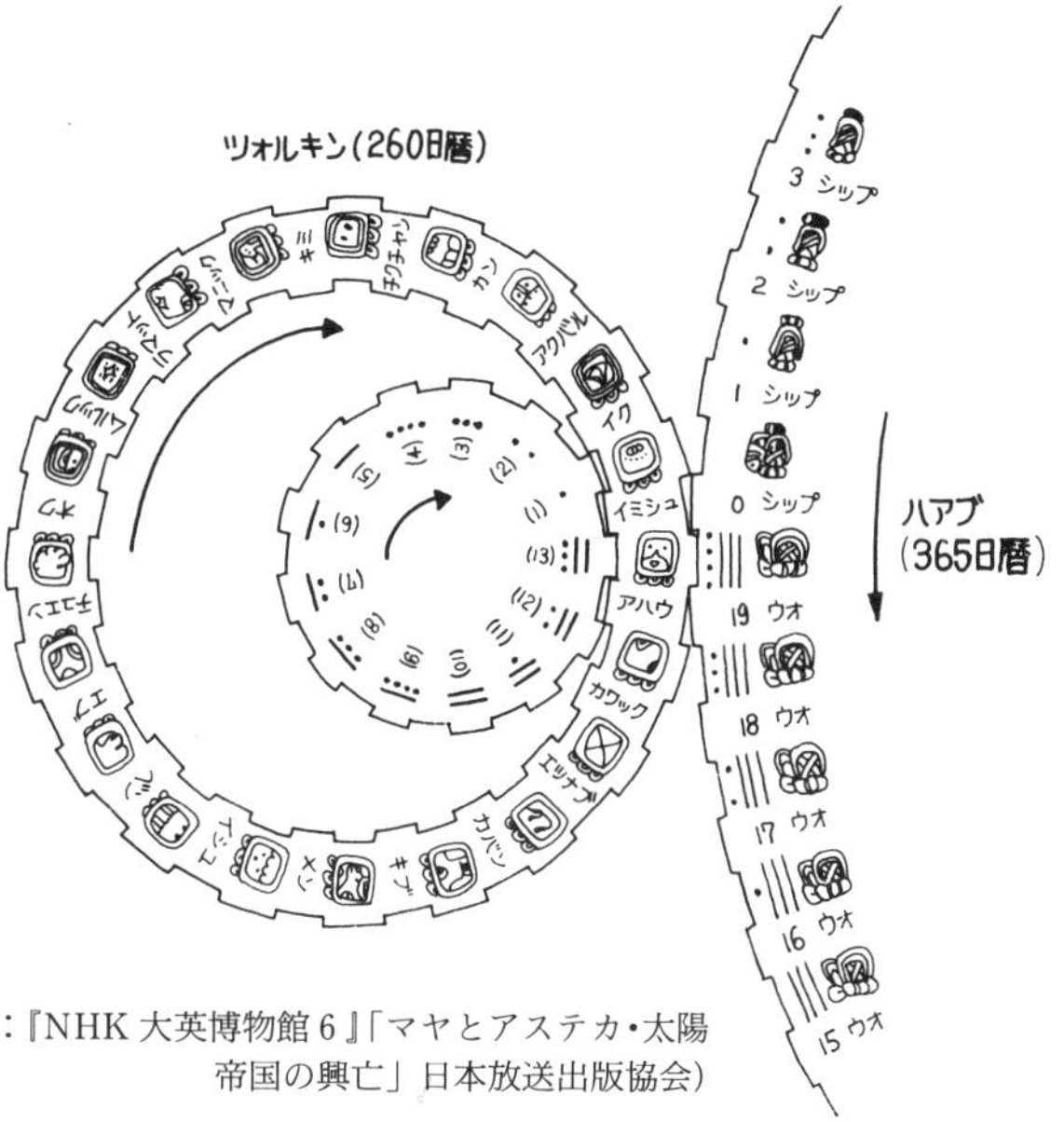

（参考：『NHK 大英博物館 6』「マヤとアステカ・太陽帝国の興亡」日本放送出版協会）

上の中・大歯車の接点は，「13 アハウ・19 ウオ」の日を示す。

〔参考〕　十干十二支（干支《えと》）甲子が一致している。

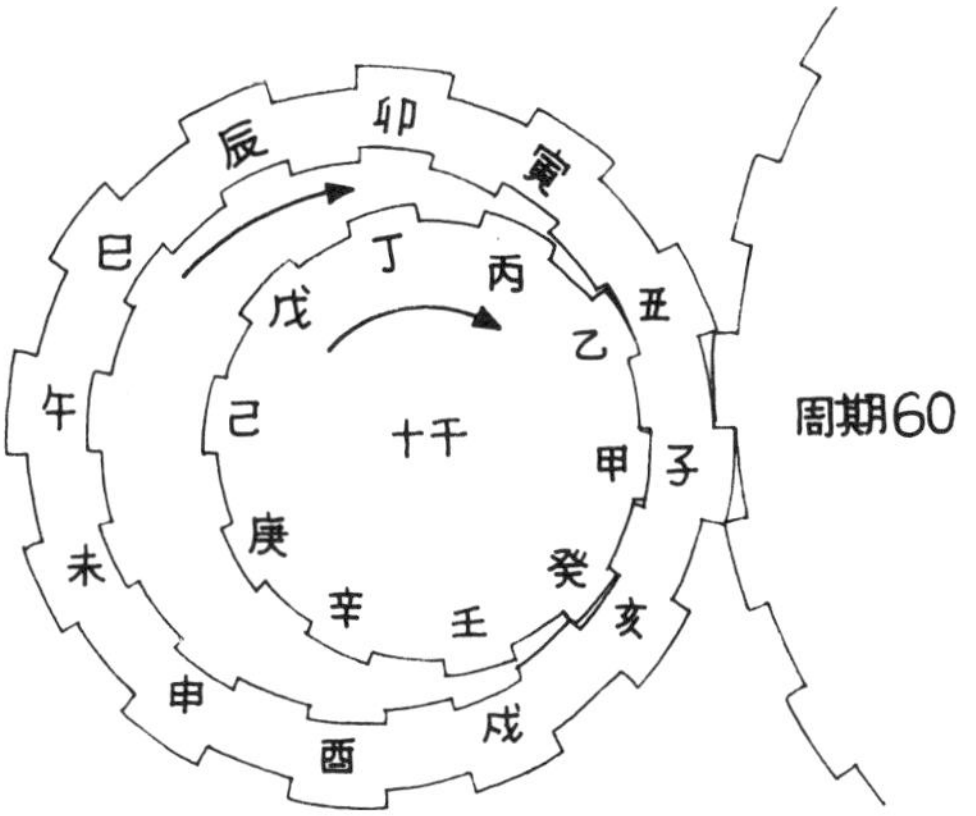

マヤの循環暦の一つ、ツォルキンは、一～一三までの数（前ページ上図内側）と、二〇個の記号（前ページ上図外側）の組み合わせで構成されている。つまり、この暦は一巡するのに二六〇日かかる。これとハアブ（三六五日暦）とが噛み合わされると、二つの循環暦から五二年一巡の大きな循環暦となる。

260 日暦の計算

20 と 13 の最小公倍数は
（公約数が 1 しかないので）

$$20 \times 13 = 260$$

52 年一巡の計算

ツォルキン（260 日）とハアブ（365 日）の最小公倍数は下の計算から 52 年となる。

$$5\,\underline{)\;260 \quad 365}$$
$$\quad 52 \quad 73$$

$$\frac{5 \times 52 \times 73}{365} = 52$$ 周期は 52 年

〔**参考**〕十干十二支の計算

十干 十二支

$$2\,\underline{)\;10 \quad 12}$$
$$\quad 5 \quad 6$$

$$2 \times 5 \times 6 = 60$$ 周期は 60 年

（注）「甲，子」が再び一致するのが 60 年後という意味。

ハアブ（三六五日暦）は、第〇日から第一九日まで二〇日間ある「月」が一八期（ウイナル）で一八ヵ月。これに不吉な暗黒の五日間（ワイェブという）を入れて、三六五日としたものである。

「不吉な五日間！」

三須照利教授はこれにたいへんな興味を示した。

いったい、何が不吉なのか？　ナゼ五日か？

ハアブの18ヵ月と不吉な5日間

（参考：『NHK 大英博物館 6』「マヤとアステカ・太陽帝国の興亡」日本放送出版協会）

基準になる日の呼び名

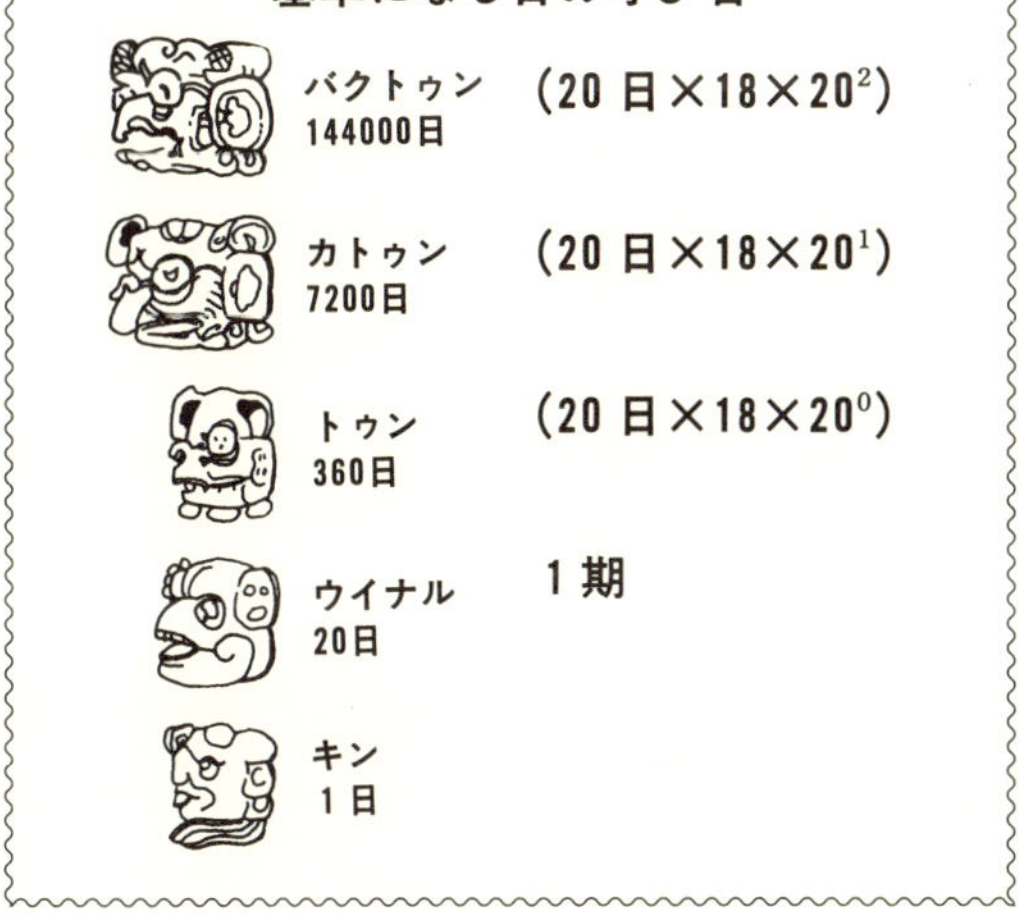

（注）99 ページの絵文字参考

旧約聖書によると、「神様は六日間かけて天地創造をし、次の一日を休息日とした」とあり、これが一週間に一日の日曜日の休みの根拠であるように伝えられている。マヤ人はすでに一年間が三六五日であることを知っていたので、三六〇日からはみ出た五日間は、どうしても別ワクにする必要が起きたのであろう。では、この日をどう解釈するか？

このとき、三須照利教授は『万年暦』のことを思い出した。

万年暦（世界暦）

曜日 / 月	日	月	火	水	木	金	土
1月	1	2	3	4	5	6	7
4	8	9	10	11	12	13	14
7	15	16	17	18	19	20	21
10	22	23	24	25	26	27	28
	29	30	31				
2月				1	2	3	4
5	5	6	7	8	9	10	11
8	12	13	14	15	16	17	18
11	19	20	21	22	23	24	25
	26	27	28	29	30		
3月						1	2
6	3	4	5	6	7	8	9
9	10	11	12	13	14	15	16
12	17	18	19	20	21	22	23
	24	25	26	27	28	29	30
							W

上はアメリカのエリザベス・アケリス女史が会長の世界暦協会（一九三〇年発足）の提唱によるもので、平年では一二月三〇日の次の日に曜日のない日、「余日」（W）を設ける。閏《うるう》年のときは六月三〇日の次の日を「余日」としておく、という工夫がある。

三須照利教授は、『世界暦』—万年暦—大賛成で世に広めたい人の一人なのである。

管理職についていたとき、一年間の各種行事や事業の年間計画を立てる際、毎年の月日と曜日が一定しているとつごうがいいと強く感じたからである。そしてこの「余日」のアイディアが〝なんと素晴らしいもの〟と思った。

マヤ人は、五日間の「余日」を計算上で邪魔とみて〝不吉の日〟にしたのではないか、彼らにとって、計算上ピタリ、としないのは不吉なことだったのだろうと想像した。

〔問〕左に示したカワイイ絵は、人の頭の形、その他を表現した「神聖絵文字」というもので、マヤ文化特有のものである。書いたりおぼえたりがたいへんだったと思う。

歯痛

その中でもこの絵は、「歯痛」と呼ばれた神聖絵文字である。見た目が歯が痛くて包帯をしているようなところから、つけられた名称である。

しかし本当は誤りで、正しい意味は……。

さて正解は？

ヒント　顔は、マヤ人が尊敬するもの（蛇、ジャガー、鷲）の一つである鷲となっていて、顔の前のものが儀式用の品（黒曜石ナイフ）に見える。

二、二〇進法と〇

数字と記数法

インカなどの特別な民族を除くと、古代文化民族はすべて特有の数字と、それによる数の表し方（記数法）をもっていた。

社会数学者・三須照利教授の興味は、これについて二つの視点からの問題があった。その一つは〝数字のいわれ〟、他は〝進法〟である。

マヤ数字と数

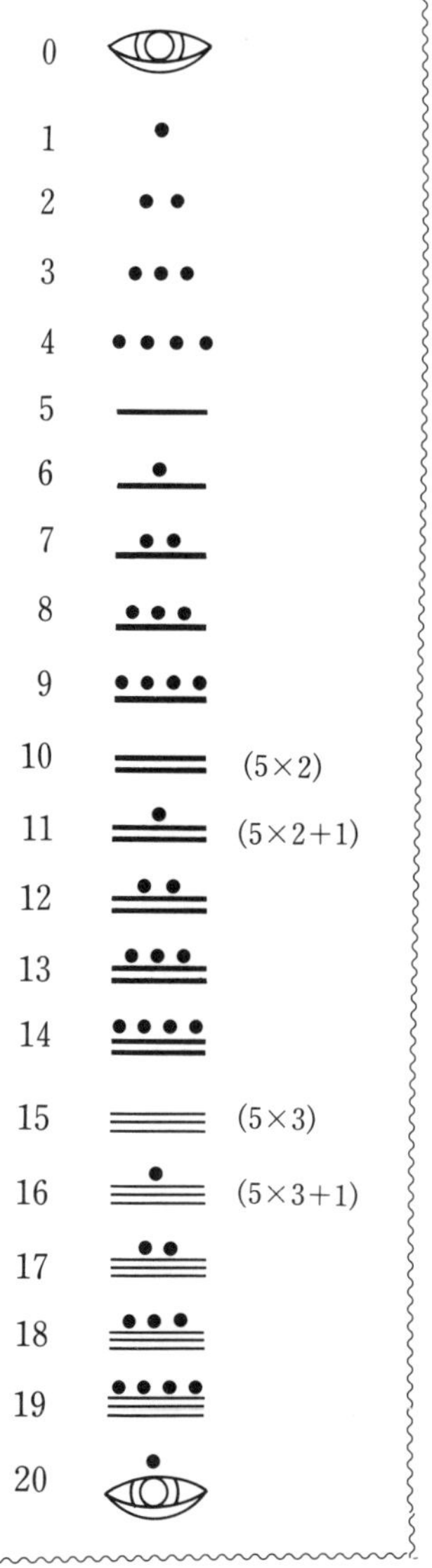

数	マヤ数字	
0	👁	
1	・	
2	・・	
3	・・・	
4	・・・・	
5	─	
6	─・	
7	─・・	
8	─・・・	
9	─・・・・	
10	═	(5×2)
11	═・	(5×2+1)
12	═・・	
13	═・・・	
14	═・・・・	
15	≡	(5×3)
16	≡・	(5×3+1)
17	≡・・	
18	≡・・・	
19	≡・・・・	
20	👁	

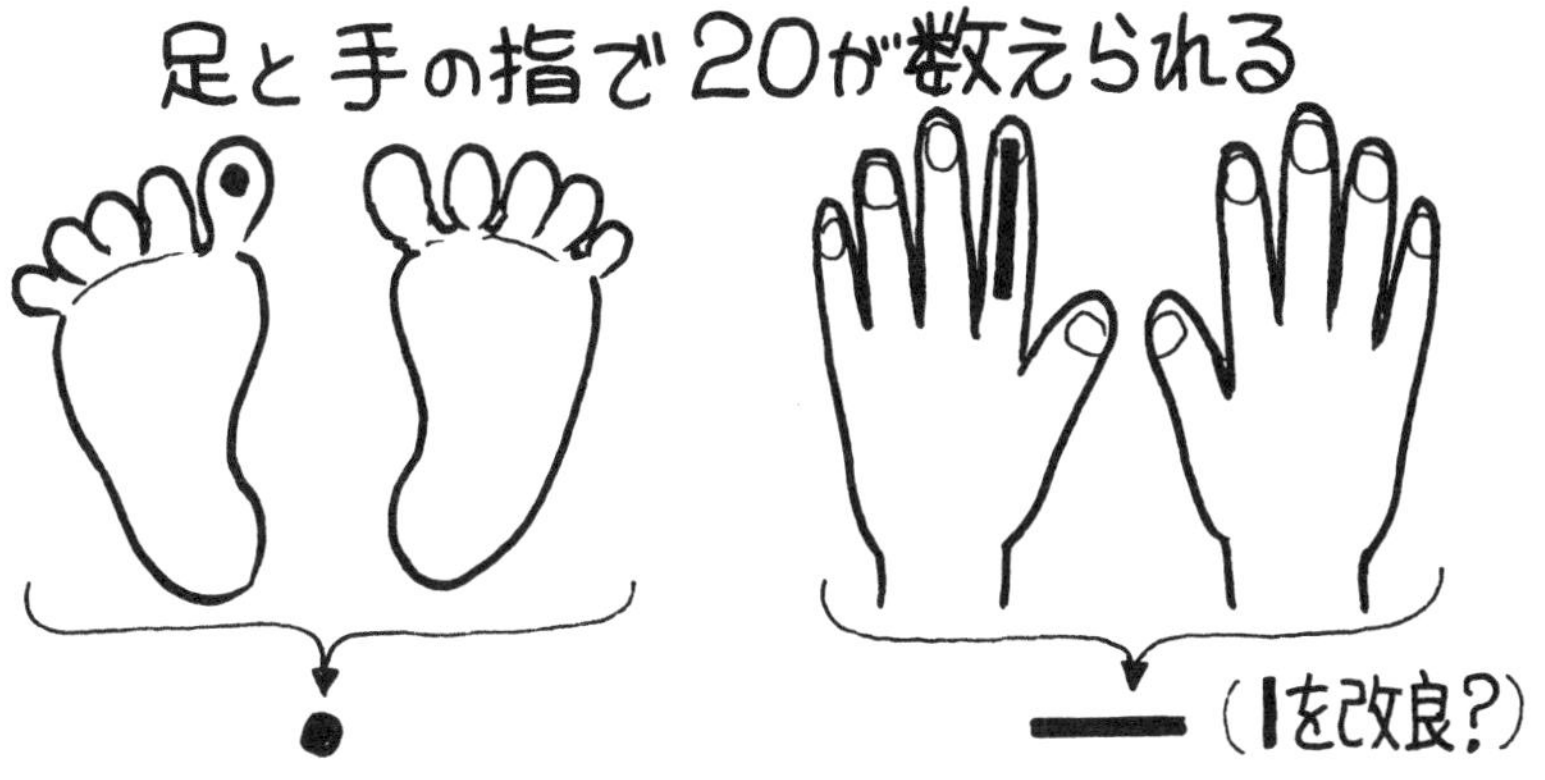

たとえば、古代メソポタミアでは、身近な粘土板に葦の茎で刻みつけ▼や◀を組み合わせ六〇進法で数を表し、古代エジプトでは、、は測量道具、(千、蓮《はす》の花)、(万、パピルスの芽)、(一〇万、オタマジャクシ)などナイル河畔の動植物からの象形数字による一〇進法、というものであった。また、古代ギリシア、ローマでは、各数の数詞の頭文字を用いている、などそれぞれに工夫があった。

では、古代マヤの数字と進法(前ページ参照)は、どのような起源によるものであろうか?

彼らの数字は紀元前二、三世紀頃創られたといわれているが、前ページの表からわかるように、●と━、それに0を表すの三つの記号で、どのような大きな数も表しているのである。

この記数法はインド式の「位取り記数法」でたいへん優れたものであるが、ナゼ数字が●、━とであり、そして二〇進法によったのであろうか?

三須照利教授は、こんな想定をした。

二〇進法　この民族は原始時代の伝統で、両手足の指を用いる二〇単位の数え方を、そのまま受け継いだのであろう。

数字　素足だった頃、地面に残った足の指の●と、手の指の━とを、数字の基本において、他のすべての数をこの組み合わせで表した。ただこれではすぐ表せる限界がくるので零に相当するを創案し打開した。

零の印については〝貝〟という説があるが、これは〝人間の眼〟と考える。理由は、マヤ遺跡が海岸線にはないので貝は身近なものではなかったであろう、ということ。眼の根拠は、生贄が胸を切り開かれるとき犠牲者が〝助けを乞う眼〟をしたことから、その無情さを〝無〟ととらえ〝眼〟として表現したのだろう、と想像した。

いま、各民族の零の記号を比較すると、古代メソポタミアやインド（紀元五世紀以前）では空位を示す程度で、古代マヤのものは現代の0と同じような「記号と数」の両者を兼ねた進歩的なものであった。

（注）空位とは、ソロバンでいうと珠の動いていない位のこと。

ここで、20以上の数の表し方がどうなっているか、について考えてみることにしよう。

現代人の頭はすっかり一〇進法で組織されているので、二〇進法に切り換

零について

古代メソポタミア	●
古代マヤ	
古代インド	○
16世紀の西欧	0

えるのがなかなかたいへんであるが二〇単位で考えていくと理解しやすい。

左の計算法がわかると、どんな数でも〝マヤ数〟で表すことができる。試みてみよう。

マヤ数の表し方

20 進法なので基準の数 20, 400, 8000 は下のように書く。

20 ⟶

20^2(400) ⟶

20^3(8000) ⟶

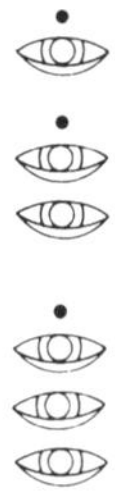

100, 1000, 10000 は次のようにする。高い位の数字を上に書く。

(例) 100 の表し方

20) 100 …… 0 より　　20^1の位

　　5　　20^0の位

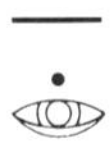

(例) 1000 の表し方

20) 1000 …… 0　　20^2の位

20) 50 …… 10　　20^1の位

　　2　　20^0の位

(例) 10000 の表し方

20) 10000 …… 0　　20^3の位

20) 500 …… 0　　20^2の位

20) 25 …… 5　　20^1の位

　　1　　20^0の位

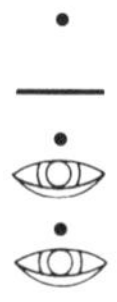

(注) 20^0 は 1 と同じ。

〔問一〕次の各数を〝マヤ数〟で表せ。

(1)　21

(2)　54

(3)　130

(4)　365

(5)　703

(6)　1992

〔問二〕記号●━を使って表すもの、といえば博学の人なら即座に有名な「モールス信号」を思い出すであろう。

これは一八三七年モースがモールス電信機と共に考案したもので、通信符号として全世界で使用された。

さて、一～一〇は下のように表されるが、●、━を合計五個とり出して組み合わせるとき、何種類の記号が作れるか。（個数には下のものも含める。）

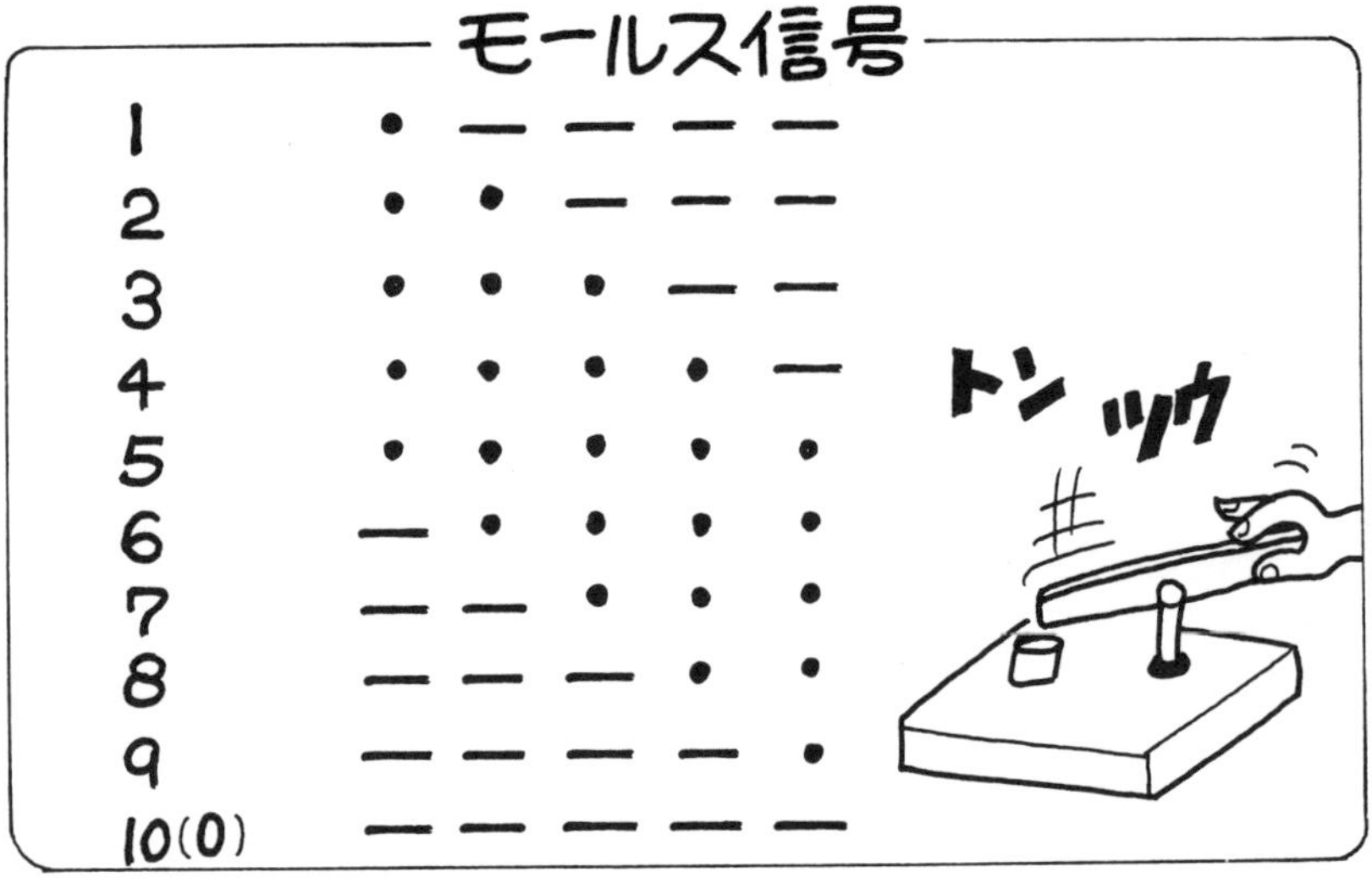

蛇足

二進法とコンピュータ原理

マヤが●と━の二つの数字を基本として数を表しているのと、コンピュータ原理の二進法が0と1の二つの数字で無限の数を表しているのが似ていて興味深い。

コンピュータが、いまや多種類の能力を発揮しているのに、〝原理単純〟が魅力的である。

カリブ海に面した保養地カンクンでの高級ホテルでは、部屋の鍵は厚紙に穴のあいたコンピュータ式鍵であった。似た応用として、傘、下駄箱の単純鍵から、図書カード、さらに織物の模様カード（一五八ページ参照）まで幅広く実用性がある。

10進数			2進数		
0					0
1					1
2				1	0
3				1	1
4			1	0	0
5			1	0	1
6			1	1	0
7			1	1	1
8		1	0	0	0
9		1	0	0	1
10		1	0	1	0
11		1	0	1	1
12		1	1	0	0
13		1	1	0	1
14		1	1	1	0
15		1	1	1	1
16	1	0	0	0	0
……					
……					
位	2^4	2^3	2^2	2^1	2^0

整理カード

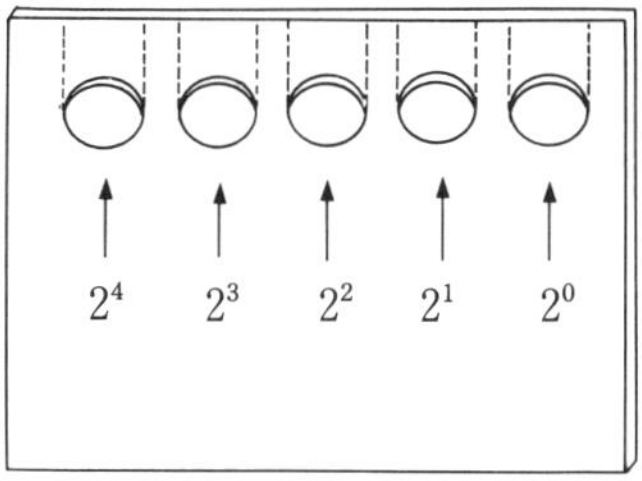

（各カードが別の切り込みになり数を表わしている。……で切る。）

三、灌漑測量と建造術

作図の誕生と方法

『マヤ』Maya とは、Ma-Ay-Ha からきた語で、これは〝水のない土地〟の意味という。

マヤ人は水のない土地に住みながら高い文化を築いた点で、他の四大文化とおおいに異なり、三須照利教授が、このミステリーに興味を抱いたのである。

すでに紹介したマヤ文化の中心地チチェン・イツァは〝井戸のほとりの水の魔術師〟の名であり、河畔でないのに、水を上手に操ることのできた優秀な民族だった。

彼らは生活や農耕に不可欠の水を、次のようにして得ていた。

○年に一度ある雨期（五月末から一一月末まで）の

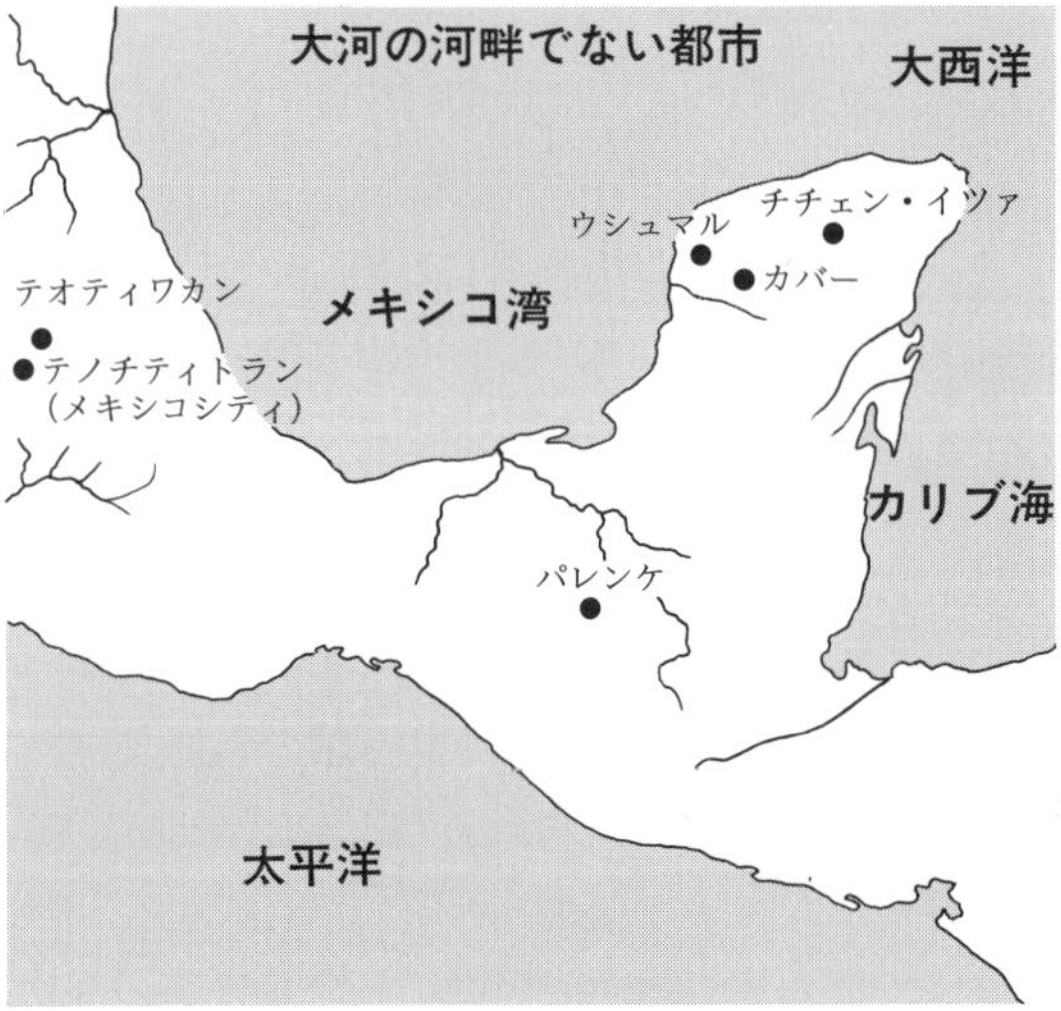

水を溜める。
○石灰石層によってできる地下水の泉の水をくむ。
○湧き水、池の水などを灌漑《かんがい》工事や運河で運ぶ。
などで、彼らはこの必要から、土木測量技術が進んでいた。
一般に、測量といえば、
直線、直角（垂直）、東西南北方向、平行、面積
などが頭に浮かぶが、灌漑工事や運河となると、これらに加えて、
勾配《こうばい》、断面積、体積
という立体的な技術も必要となってくる。
古代ローマの〝水道〟は、遠い水源の水を、ローマ市内まで高架で運んだ技術で有名であるが、勾配のとり方は難題であったであろう。
運河などはマヤ人が天文学だけでなく土木技術の高さを示すもので、その背景に数学の優れた力があったと想像される。
これらを担当した人たちは、マヤ社会でどのような位置にあったのかを調べてみよう。
次ページの図および写真の絵でわかるように、日本の江戸

ローマの水道

時代と似た五階層ながら、農と工商の地位が逆になっている。

マヤ社会では、優れた金製装飾品が重視されていたので、これにかかわる芸術家、職人、そしてこれを近隣に売りさばく商人が重んぜられたのであろう。

もっとも、マヤでは「水路を管理した者が民族を支配した」といわれているので、企画、設計、

マヤ社会の階層構造

［参考］江戸時代

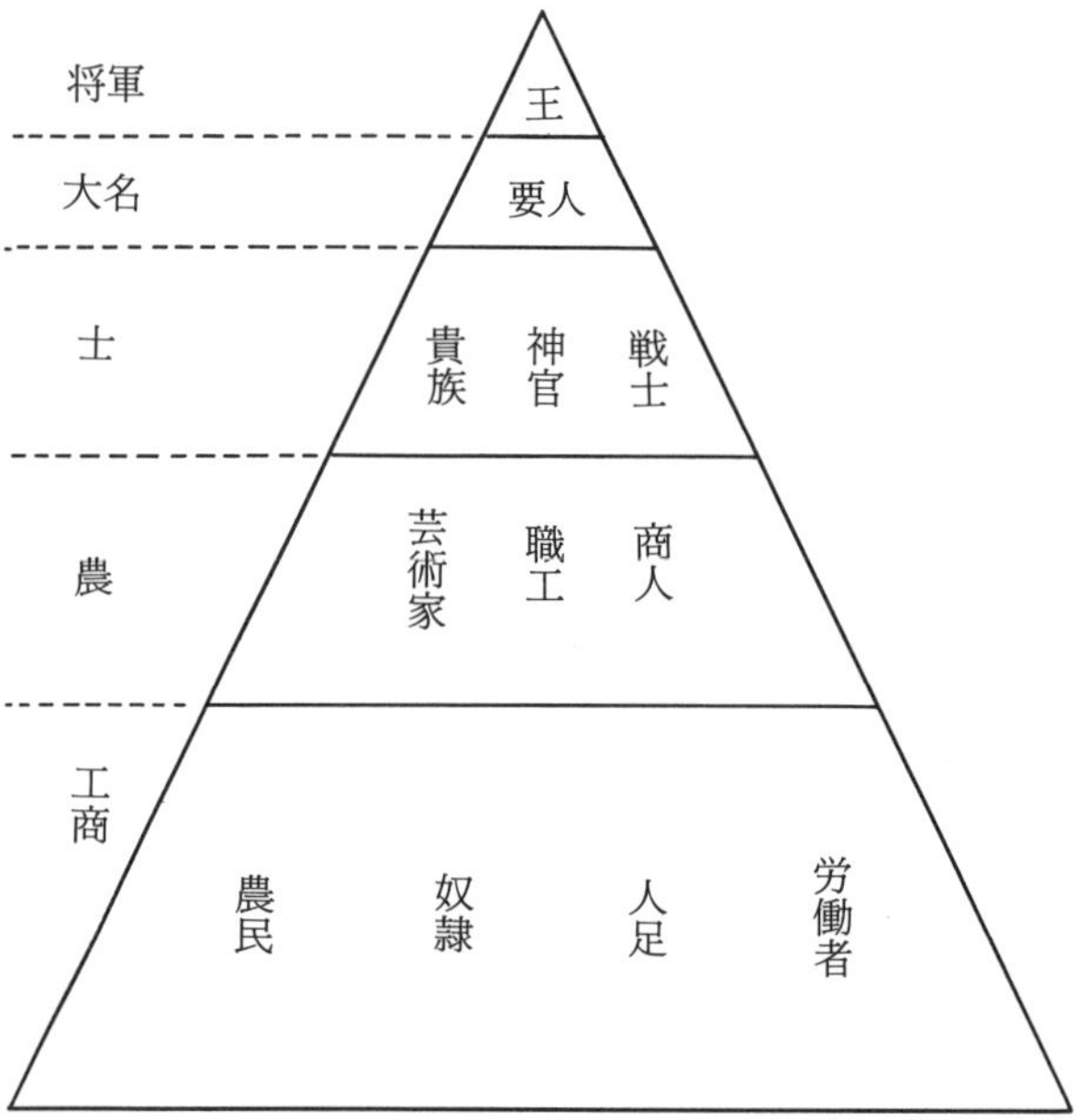

国立人類博物館内の絵

監督は、数学の才能のある神官が当ったのであろう。数学のピラミッドや館なども高度な技術が必要であり、これらも神官達が設計したと想像される。

三須照利教授は特に〝マヤ・アーチ〟に興味をもった。

古代各民族は、戦勝を祝って凱旋《がいせん》門を造ったが、それの偉容、美形、安定などの面では共通

ローマ・アーチ

マヤ・アーチ

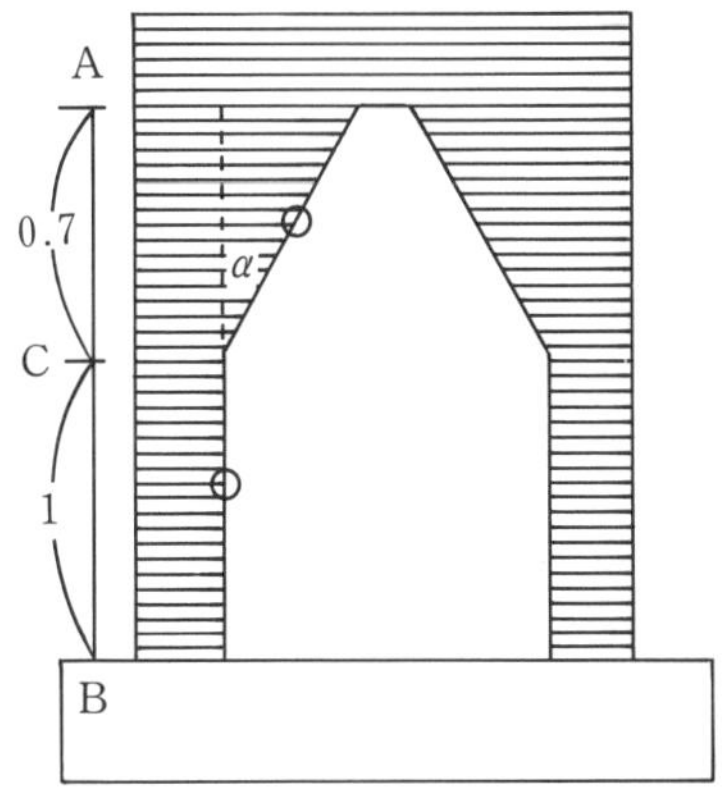

黄金比1：0.6に近い

カバー遺跡のマヤ・アーチ

性があるが、建造方法はいろいろあった。

古代ではローマ・アーチ方式がその代表的なものであったが、マヤ・アーチはこれと異なる独特な方式がとられていた。

各地にあるピラミッドの建造術については、次章でくわしく考えてみることにしたい。

〔問〕アーチは、上部の真中からくずれない強さが必要で、マヤ方式は、下から少しずつ長い石を積むことによって造っている。この変形六角形は他の建造物（下の地下道など）にも見られる。

前ページの下図で

AC：CB＝0.7：1

で黄金比（0.6：1）に近い。

このとき図の$\angle\alpha$の大きさはおよそ何度か。

「碑銘の神殿」の地下道

（神王の墳室に有名な石棺がある）

四、日食とその予測

三つの円の関係

「一九九一年七月一一日昼（日本時間一二日早朝）、メキシコでみごとな皆既日食が観察された。絶好の〝日食日和〟に恵まれたメキシコの当地では、天頂にダイヤモンドリングが白い輝きを放つと、次の瞬間、太陽が月影にのみ込まれた。」（メキシコ・南バハカリフォルニア州のカボ・サンルーカス発）

炎鮮やかに

ハワイ、メキシコから南米にかけて11日（日本時間12日）、今世紀最大級の皆既日食があった。メキシコやハワイのマウナケア山頂ではきれいな紅炎（写真＝ＡＰ）が観測できた

（18面に関連記事）

（1991年７月12日付　朝日新聞）

今世紀最大の皆既日食が、メキシコ、ハワイなどで見られるとあって、日本から大勢のファンが『皆既日食ツアー』でこれらの地に押しかけた。

前述報道のようにメキシコでは見られたが、ハワイの方は太陽が雲に隠れてしまったため、失望した、という。

人間社会と日食、月食とのかかわりは古い歴史をもっている。

「日食や月食を数学的に考えると、これはまさにミステリーな現象だよ。太陽、地球、月がそれぞれの周期でかってに運動しているものが、空間で一直線に並ぶこと、関数的にも作図的にも、これは奇跡さ。

計算上でも、皆既日食が起きる割合は、百年間に八〇回であり、きわめて稀な現象といえる。

ミステリーの国へ行こうとした矢先に、ミステリー現象が起きたのだから、おもしろいナ。」

三須照利教授は、日食報道をうれしそうに読みながら、友人に話していた。

たしかに、太陽、月、地球という三人の子どもが、かってにグルグル回って遊んでいるとき、三人が一直線上にいることはめったにないであろう。まして空間ではいっそう……。

さて、上の図をみていると、この図はどのように作図したらできるのかな、と考え

皆既日食

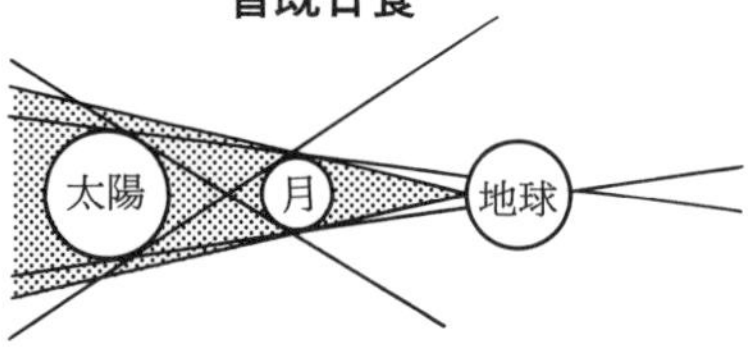

金環日食

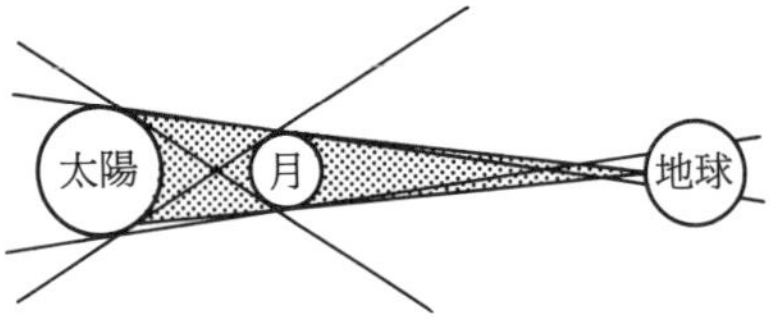

たくなるものであるが、君はどうであろうか。

「〝太陽神〟をあがめ、太陽に対しわれわれのために明日も現れて欲しい、その願望のため復活のエネルギーに生贄を考えた太陽絶対のマヤ民族。彼らにとって〝日食〟は大問題であったにちがいない。この太陽が日中、突如と消え、この世が真暗になるのであるから……。

このとき、彼らはいったいどんなことを考え、どう振舞ったのであろうか。」

三須照利教授はこれに大きな興味をもった。

わが国でも、天照大神《あまてらすおおみかみ》が「天の岩戸」に姿をかくした、とか、東征中の神武天皇の弓に金のトビが止まり燦然《さんぜん》とした光が敵軍をまぶしくし退散させた、などの日食を思わせる神話がある。

日食の予測は紀元前千年ごろからされたという。

前章四二ページで紹介した数学者ターレスは、紀元前五八五年五月二八日に日食があることを予言し、人々を驚かせた。

近年にあった日食に上のようなものがある。

太古の人々は無知であったので、日中に太陽が消えてしまうことはたいへんな恐怖であり、これがきっかけで天変地異が起こると思ったのである。それゆえ、統治者は天空現象を知るため神官と共に、天文学者、数学者を兼ねていることが多かった。前述のように

最近の皆既日食

1985. 11. 12	南極大陸
1988. 3. 18	スマトラ，フィリピン
1990. 7. 22	旧ソ連，シベリア
1991. 7. 11	ハワイ，メキシコ
1992. 6. 30	南大西洋

ハワイでの本影錐の動き（日本時間12日午前）

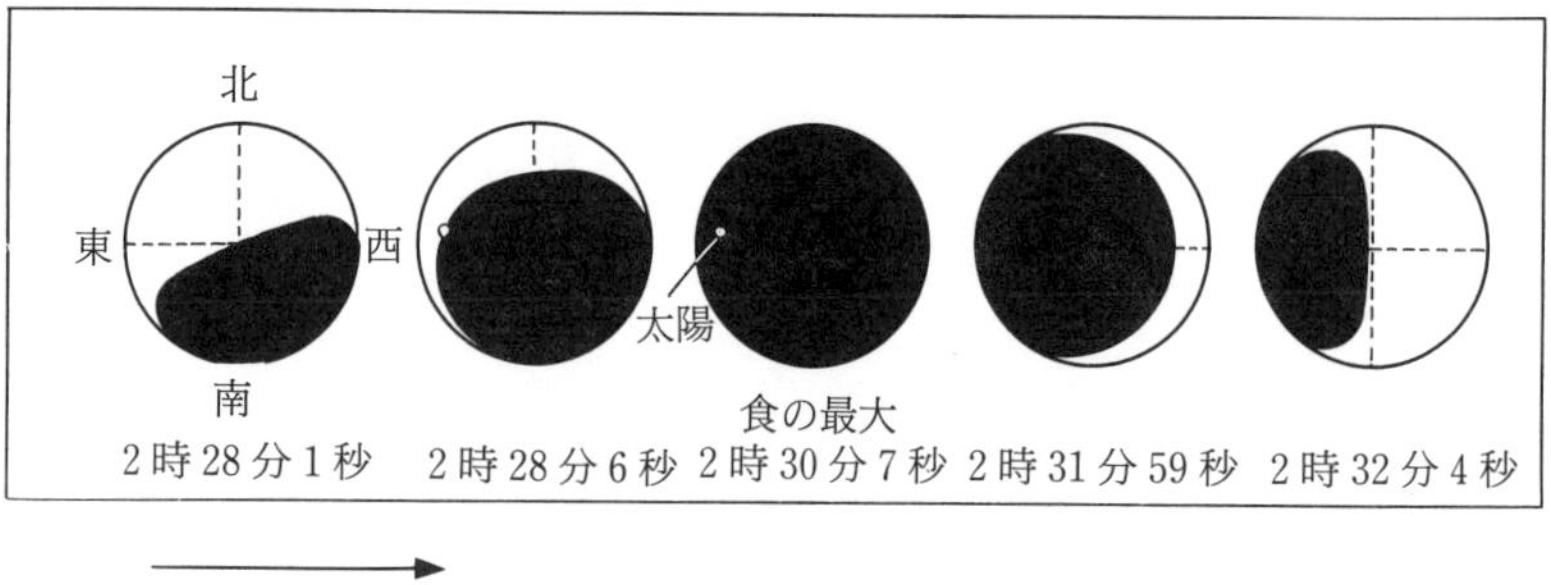

（1991年7月11日付　朝日新聞）

古代メソポタミア、エジプト、インドみな〝しかり〞である。

統治者がこの日食を予言し、これは単なる自然現象であることを説明したなら、人々は安心すると共に統治者を尊敬、信頼し、そして服従へとなったのである。

さて、ここで皆既日食前後の月について考えてみよう。

上の図の〝本影錐〞とは、皆既日食前後に、月の本影が空を移動し、日食を観察している人の上空の空気層に投影されたものである。

月の影が円錐形になることは七四ページの図から想像できるであろう。

これによって、太陽を隠す変化が上の図のようになる。

この影は、時速約三千キロメートルの猛スピードで動き、空に影が見え始めて消えるまで、わずか約五分間しか見えないという。

〔問〕前の皆既日食の図を参考にし、できるだけ正確な作図法で〝本影錐〞のある日食の図を描け。（皆既日食になる二分ほど前の状態。）

五、球戯場のミステリー

音の級数問題

マヤの都市づくりでは、広大な広場に宮殿、館、ピラミッド(神殿)、それに球戯場といったものが一つのセットとして造られていたようである。

チチェン・イツァの遺跡は、これらがよく保存されていて、球戯場は次ページのように立派なもののままであった。

ここでの球戯は、二軍に分かれたグループが重さ二キロもある生ゴムのボールを、腕、腰または脚を使って相互に打ち返し合い、両壁面中央にある穴にボールを通した方が勝ち、という、現代のバスケットボールの試合のようであった。

勝者(一説に敗者)のリーダーは、その名誉で生贄にされたといわれる。結末が恐ろしい。

この球戯は、両壁上の見物人の〝賭《かけ》〟の対象になったり、易断の役割も果たしたという。

球戯場のミステリー！

三須照利教授は、これに興味をもっていた。

旅行前の下調べによると、
一、小さな声の話が八〇メートル先まで聞こえる。
二、手を打つと、その音が九回反響する。
ということであった。

一については一〇年程前中国を探訪旅行したとき、北京市の天壇公園内の「皇穹宇《こうきゅうう》」を囲む壁では、図のAでのササヤキが壁を伝わってBの人に聞こえる、〝回音壁〟というのを思い出した。

古代ギリシア、ロー

回音壁

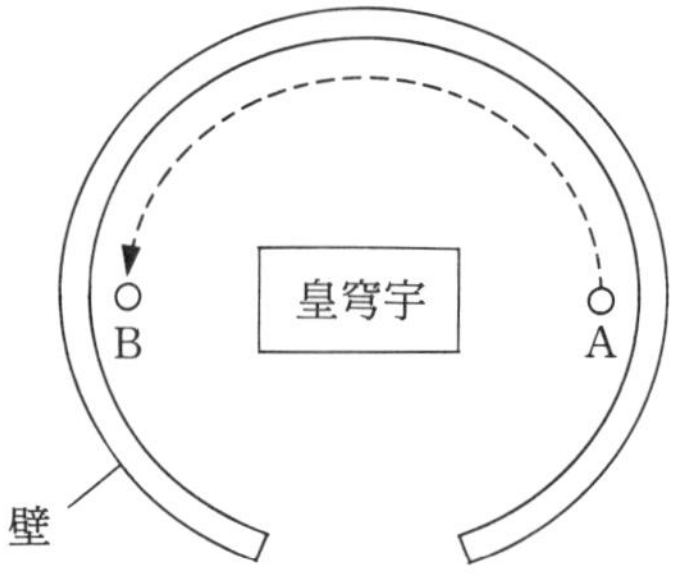

チチェン・イツァの球戯場

マ遺跡の野外劇場にも、役者や演者の声がよく透る作りがあるのを見学した記憶がある。

この球戯場も偶然か、計算上かは不明であるが、音響効果がよいので、競技者の迫力が大きく伝わり観客の応援が高まったものであろう。

二の方は日光東照宮の〝鳴き竜〟のようなもので、コダマ現象である。屋内での反響はそう珍しくないが、屋外、野外での反響は例があまり多くない。

〔問〕いま拍手した音が八〇ホーン（デシベル）であったとして、左右の壁に順次響き、拍手の音が九回まで聞こえたとしよう。

この反響音は常に、前の音から$\frac{1}{4}$減の音になるとすると、九回目に耳にした音は何ホーン（デシベル）であろうか。

（先方のガイドの説明が遠く離れた三須照利教授までよく聞こえた。両壁中央の円板が球を入れるところ。）

蛇足

半分、半分、……の話

ある日、三須照利教授はお茶を飲むためポットの〝円盤〟を押しながら、フッとこんなことを考えた。

彼はポットの中の水が半分になると、新しい水を半分追加する、という習慣であるが、これを何回くり返すと、一番最初の水が無くなるか？

理論的には0になることはないが、たとえば一〇回くり返したとき、一番最初の水は全体の約〇・一％分残っているのである。

この種の話は、高等学校の「等比級数」で登場する。

〝透視度が八〇パーセントのガラス五枚を通過した光は、初めの光の何パーセントになるか。〟

（解答は巻末）

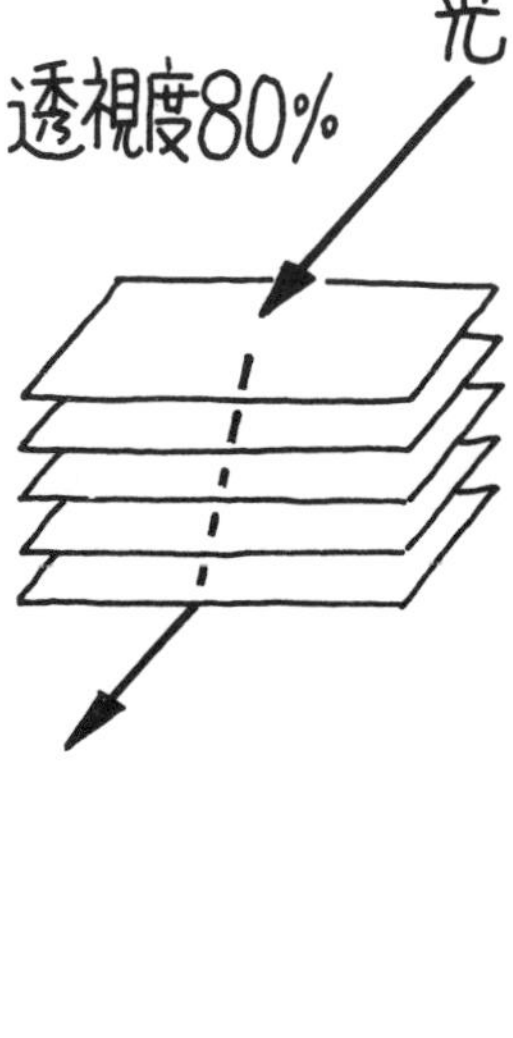

第3章

ピラミッドと「謎の放棄」

テオティワカンの神殿の壁面
（扉おもての図は、マヤ数字の1）

一、太陽と月のピラミッド

四角錐という立体

メソアメリカの旅は、毎日五百キロを越すバス旅行である。

一つの遺跡、その点から次の点までは、人間の手が入っていない草原や林野の間を抜けていく平凡で長い時間が続く。そのためバス内の旅行者達の多くが夢の時間をもつのである。

探訪の目を輝かして窓外を見ていた三須照利教授も、ついウトウトとしてしまった。

どれほど経ったか、大きく揺れてバスが止まり、高いピラミッドが目に入った。

なにやら、有名なマヤ人建造のピラミッドで、入口には頂上への登り口と地下道への降り口とがあり、旅行者全員がガイドの案内で登り口へと向かったが、三須照利教授はレイの天の邪鬼と好奇心から一人、地下道へと降りていった。

マヤ・アーチの天井、湿気で苔《こけ》むし、足元の悪い階段。降りるに従い薄暗く、やがて王の墓の石棺があるというところに戸が立っていて通行止めになっている。折角来たことだし、誰もいないことをいいことに、戸を引いてみた。

ナント！　石棺がある部屋ではなく、その先に道が続き、遠くに薄明りが見える。

「オー、地下道だ。この先を行くと何があるのだろう。」

三須照利教授は胸をワクワクさせながら、そしていっそう想像を高めながら前進した。

少し広い道に出たところで、両手を抱えられドキッとすると、マヤ人らしい二人が片言の英語で、こちらに来い、ということである。

五百年前(正しくは紀元一五四八年)、スペイン人によって滅ぼされたはずのマヤ人が、実は地下生活で王家を存続させていたのである。

史実によると、「アステカは紀元一五二一年にスペイン人によって征服」とはっきりしているが、マヤの方は点々と逃げ回った、とも自滅した、ともいわれ、スペイン人の手によって滅ぼされた、とはされていない。やはり彼らは逃げ隠れ、地下生活で生き続けていたのであった。

金銀財宝が山と積まれた王の部屋へ通された彼は、

「今度こそ夢ではなく、生贄にされる。」

内心、そんな恐怖感に襲われた。

通訳を通しての王の開口一番は、地上の様子はどうか、まだスペイン人が横暴を極めていないか、などの情報についての質問であった。

三須照利教授は、現代の世界の情況、メソアメリカがメキ

シコとして発展して平和な世界であることを説明したところ、王はこの地下一族を引き連れて地上に出る、という大決心をした。

勇躍、地上に出てきた彼らは、しかし太陽の放射線で次々と死んでしまった。

「サアー着きましたよ」という声で、彼は目を覚ました。


マヤ文化を代表する地がチチェン・イツァなら、アステカ文化を代表するのはテオティワカン(アステカの首都)である。

メソアメリカでは、主要な遺跡にピラミッドがある。

かつて、エジプトのギザの大ピラミッドの偉容に感動した三須照利教授は、今回の旅行でも同じ形を想定していたので、意外性をおぼえたものである。

あの〝みごとな正四角錐!〟ではなかった。もっともエジプトのピラミッドでも、次の形状の変遷がある。

(四角錐台) ―→ (階段形) ―→ (正四角錐)

また、エジプトは「王の墓」であったが、メソアメリカのものは、墓の他、神殿、宮殿、天文台というものもあり、多様であるという。

クフ王のピラミッドとスフィンクス

さて、テオティワカンは、メキシコシティの北東五〇キロにあるオルメカ文化(紀元前二―後七世紀)、これを引き継いだトルテカ文化、アステカ文化の中心地であった。

広く巡礼者が集まる聖なる都で長く栄えた。

テオティワカンとは、アステカ語で〝人間が神に変る場所〟とか、〝神々の都〟という意味という。

次ページの平面図からわかるように、遺跡地は広大な広場で中央を貫く〝死者の通り〟は、南北に走る幅四五メートル、長さ四キロの主要道路で、ここに有名な太陽のピラミッド(高さ六五メートル)、月のピラミッド(高さ四六メートル)のほか、神殿や宮殿、城砦などが散在している。

太陽のピラミッドの頂上には、かつて神殿があり、ここで〝太陽の儀式〟、三須照利教授が恐怖の夢でみた生贄の行事がおこなわれたという。

彼がこのピラミッドの頂上へ向かっていたとき、中腹

(正面が太陽のピラミッド)

でアステカ人による民族祭がおこなわれていた。（次ページの写真参照）

珍しい行事に遭遇できたので、その幸運に感謝しながら、パノラマカメラのシャッターを切ったのである。

（昭文社発行『メキシコの旅』より転載
地図使用承認©昭文社第07E013号）

テオティワカン遺跡

（正面が太陽のピラミッド）

（太陽のピラミッドの中腹）

〔問〕太陽のピラミッドは、四五メートルという高さで、これはふつうのビルの一〇階建てに近い。

この傾斜が四五度のとき、斜面（階段）の長さはいくらになるか。

〝土産物売り〟する現地の子どもたち

アステカ民族のお祭

二、七層の入子ピラミッド

入子算からフラクタルまで

現在のメキシコシティは、標高二二四〇メートルの盆地に開けた都市で面積は東京の七割ほどに対して人口は二倍近いという超過密都市である。

この地の昔の名はテノチティトランで、前項のテオティワカンと並ぶアステカ文化の中心地であった。

かつては下の想像図のような湖に浮かぶ小さな島であったが、次々に農耕地として干拓、開拓して面積を広げていった。

しかも、周辺の部族とは、島と陸地を結ぶただ一本の道があるだけで、防衛上も安全な地域として発展していったのである。

現在それがわざわいして、街中の大きな建物が傾き、

テノチティトランの想像図（人類学博物館内）

地盤が下がったりした上、何年か前の大地震で大きな被害も出、裏通りにはこわれたビルが幾棟もそのままになっている残がいがある。

ここは、一五二一年八月スペイン人コルテスの攻撃によって陥落し、アステカ王国も滅びたが、スペイン人達

古い建物が傾いている

入子ピラミッドの残がい　（撮影：岩楯光生）

はこの都市の建物を破壊したり、改築したりして、この文化財をあとかたもなく、取り去ってしまった。

スペイン人はこの廃虚の上に新しい都市を建設したが、後年メキシコが独立し、都市再建にかかったとき、発掘から種々の遺跡、遺品、文化財などが次々に発見されたのである。

三須照利教授が市内観光バスから見た遺跡中、もっとも興味をもったのが〝入子《いれこ》ピラミッド〟であった。

メソアメリカのピラミッドは、前時代のピラミッドの上に、次々とピラミッドを積み上げていく特徴があるが、その代表例ということができる。これは七層、つまり七つの時代の歴史をもった古いものであり、スペイン人に破壊されたのが惜しまれる。

日本ではいくつもの相似形のものを、内から外へと重ねたものを〝入子〟と呼んでいる。

お土産屋やオモチャ屋に、ダルマや人形あるいは小箱で一つ開けるとその中に小型の似たものがあり、それを開けるとまた中にある、これがいくつも続くというものである。

入子ピラミッドの断面

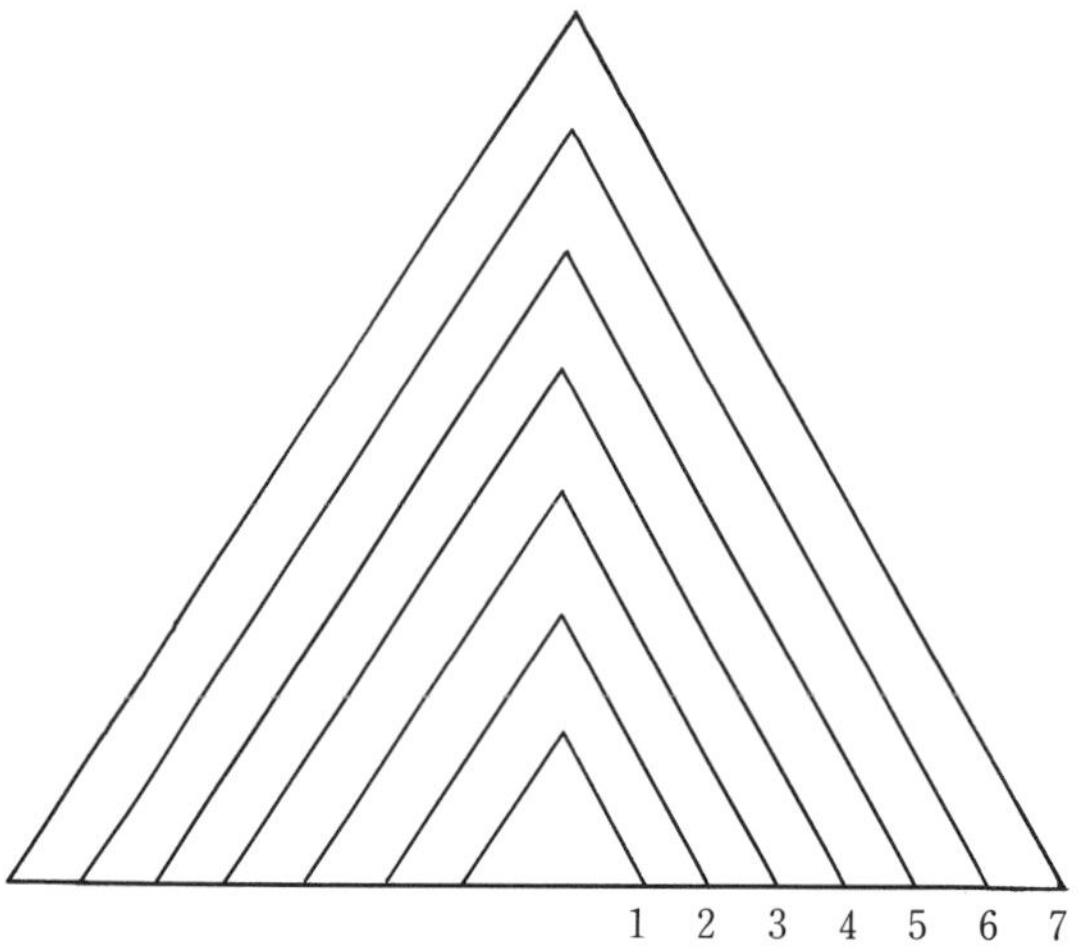

江戸時代の寺子屋教科書のロングセラー『塵劫記《じんこうき》』（一六二七年、吉田光由著）の中に、左のような〝入子さんの事〟（入子算の問題）がある。

問題を読んでみよう。

「八つ入子、あるひは一升なべ、二升なべ、三升なべ、四升なべ、五升なべ、六升なべ、七升なべ、八升なべ、この八つを銀四拾三匁二分に買い申す時、一升なべはなにほどにあるといふ時」

となる。（一升とは一・八リットル、一匁＝十分で銀一匁＝一〇〇〇円）

〔問〕右の入子算に挑戦し、一升なべの値段を求めよ。

蛇足

フラクタル図形と入子

古代アステカのピラミッドや江戸時代の和算にある〝入子〟が、いまや最先端の数学〝フラクタル〟に登場しているのであるから、これまたミステリアスな話である。

フラクタル図形とは、雪の結晶、海岸線、雲の形、木の影の形など複雑で不規則な図形のことで、二〇世紀初頭にペアノ、コッホなどが研究し、コンピュータの開発によってコンピュータ・グラフィックで描かれた。この研究は地震学、天文学、生物学、美学などの分野に役立つもので〝入子形〟(自己相似形)の数学的追求である。

アメリカのSF映画にフラクタルの手法を使い惑星の表面を描いたものがある。

コッホの雪片曲線

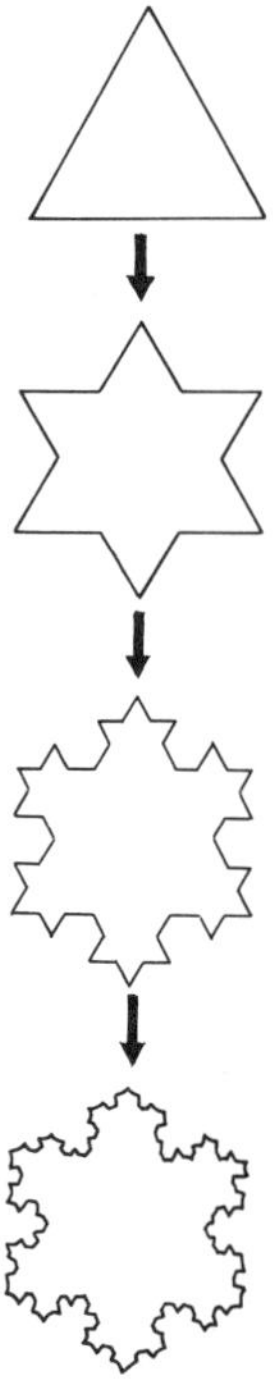

球面の相似形

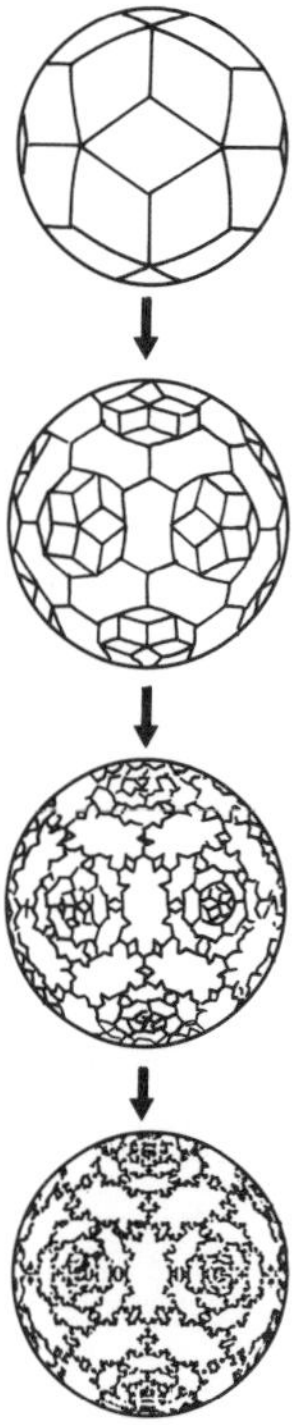

(左図は筑波大・小川教授の電算機による)

傾斜・勾配の話

三、魔法使いのピラミッド

ピラミッドとは〝燃える火の形〟(ラテン語)が語源だそうである。

数学者・三須照利教授は、Pyramid 英語〝角錐〟と思い込んでいたので、メソアメリカのいろいろな形をしたピラミッドに対し「変形だ」として何か納得できないものがあった。しかし、〝燃える火の形〟と知り、正四角錐というキチンとした図形にこだわらなくていいことに気が付いた。

そのファジィ的、トポロジー的なピラミッドの代表がウシュマルにある魔法使いのピラミッドであろう。建造者が人間ではなく〝魔法使い〟だったので、こんな角《かど》のない円錐形のようなものを造ったのだろう、と予想したが、この予想は正しかった。

ガイドはこんな説明をした。

「昔、この附近に一人の老女が住んでいてある日、大きな卵を拾った。まもなくこの卵から小人が生まれ、老女は可愛がって育てた。

大きくなった小人はたいへん賭の強い人で村中有名になった。このことを耳にしたここの王様は、彼を呼んで賭をした。

何度、賭をしても勝てないので腹を立てた王様は〝一日で造れるピラミッドの大きさを競う〟ことを賭として挑戦させた。

王様は高さ三メートルのピラミッドしか造れなかったが、彼は下の写真のような大きなピラミッド（三〇メートル）を造り、賭に勝った。

このことから、彼は村人から魔法使いと呼ばれ、これを〝魔法使いのピラミッド〟というようになった。」

六〇度の急勾配の階段は、昇りはともかく、降りるときは恐怖感におそわれた。毎年一人、二人落下するとのことであった。

エジプトの最大ピラミッドの傾斜が五二度で巨石を使っているのに対し、急で小さな石をたくさん積んでいることなどから、よくくずれないものだ、と感心したが、裏に回ると裏側はくずれていた。自然の傾斜は四五度であるというから、やはり無理があるのであろう。

へばりついて登る三須照利教授

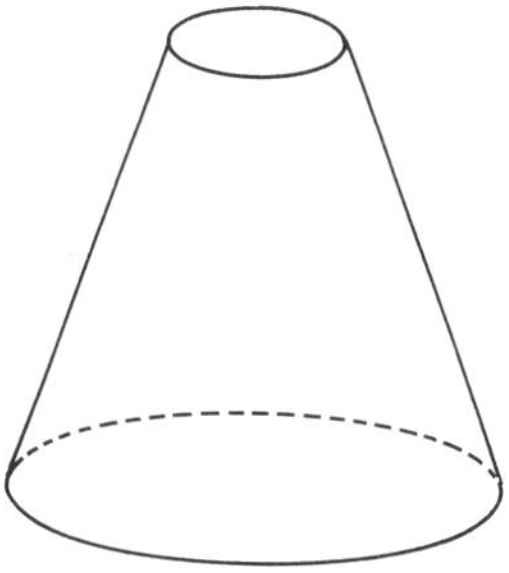

円錐台

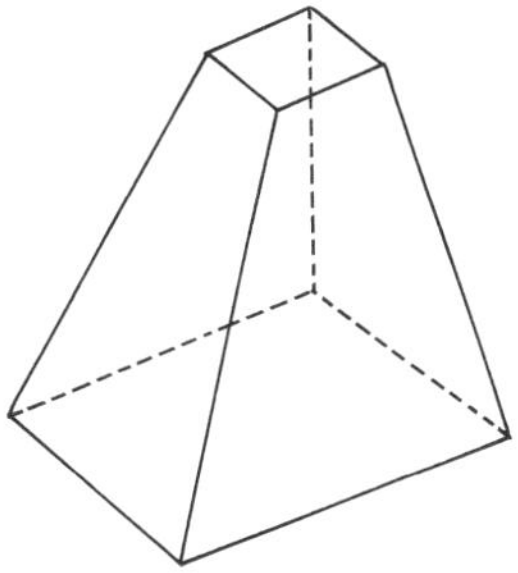

角錐台

〔問〕古来から〝魔〟のつく言葉は多い。

五星形は悪魔が見つめていて目を回す（一筆がき図形なので）、ということから、家の戸口に描き「魔除け」とする。また魔法の方陣から〝魔方陣〟という数学遊びがある。下の星陣で、一〇個の○に0～9の各数字を入れ、各太直線上の四つの数字の和が同じになるようにせよ。

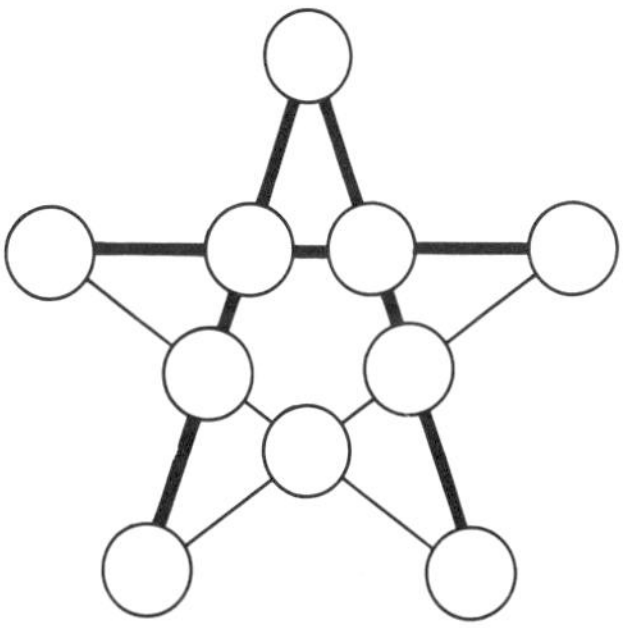

〝コワイ！〟　60°の急勾配に

四、絵文字と巨大石像の訴え

分析と統合という手法

古代の人々は何を考え、どんな生活をしたのであろうか？

古代の多くの民族はいろいろな形で後世のわれわれにメッセージを残してくれている。
○メソポタミアの民族は、干しレンガに楔《くさび》形文字や絵を
○エジプトでは、パピルスで作った用紙に象形文字や絵を
○中国では竹に墨で書いた漢字を
などが、その代表である。

メソアメリカでは、マヤ・アステカ民族が、ふしぎな絵文字を石に刻み残している。

この絵文字は、まだ十分に解読されていない。それだけにいっそう興味がある。

一〇〇ページの絵文字は、マヤの中心地チチェン・イッツァの遺跡を訪問したとき、その入口——実に立派な会館であった——で、「希望する日をコンピュータでマヤ数字で表す」（料金一〇ドル）という話で、三須照利教授は記念と研究用にと思って依頼したものである。絵文字ではあるが〝暦数字〟なのである。

暦日の単位

BAKTUN（バクトゥン）	144,000 日	18×20^3
KATUN（カトゥン）	7,200 日	18×20^2
TUN（トゥン）	360 日	18×20
UINAL（ウイナル）	20 日	
KIN（キン）	1 日	

ライデン・プレート

8	バクトゥン	1,152,000 日
14	カトゥン	100,800 日
3	トゥン	1,080 日
1	ウイナル	20 日
12	キン	12 日
	(+	1,253,912 日

三須照利教授のマヤ数訪問日
9日8月1991年
(次ページ参照)

⇨

12 バクトゥン	1,728,000
18 カトゥン	129,600
18 トゥン	6,480
5 ウイナル	100
14 キン	14
(+	1,864,194 日

三須照利教授の訪問日

——9日8月1991年のマヤ暦日(一部)——

九九ページでは、突如説明なしで「ライデン・プレート」なるものを示したが、それは見開きページの必要からである。改めて、ここで詳しく説明しよう。

この名は、たまたまグアテマラの東海岸で発見され、オランダのライデン博物館に保存されたことから付けられたものである。

薄緑の翡翠《ひすい》の碑板に、表には着飾った人物が彫られ、裏には長期計算暦（絵はこれを示す）が彫られているもので、この人物は即位に臨むマヤ王の肖像で王がこれを腰巻にぶらさげた「ガラガラ」（衣装の一部）の一つであった、という。

この時期は、九九ページの計算からわかるように、マヤ暦が誕生してから百二十五万三千九百十二日過ぎた時、ということになる。

さて、三須照利教授の方も同じように作られているが、ライデン・プレートの絵数字と少しちがう図にみえる。これは数字に漢数字のような、二種類があったからである。

（上の絵数字は他の絵文字の左側につけて示す。）

メソアメリカ文化でのミステリーは、〝ピラミッドと絵文字〟。

三須照利教授の旅はこの二つを少しでも自分なりに解明してみたい、というものであった。

絵文字は、ものの単純化、抽象化、図案化などという「数学的考え」の本質にかかわること、また暗号解読――これも数学の分野――に対する興味などからである。

世界のどの学者も解明できなかった〝謎解き〟が万一できたら……彼にはこんな野望もなくはなかった。そこで、次のようなステップによって謎を一枚一枚はがすことにした。

一、象形文字

○メソポタミア　○中国　○エジプト　など

写実絵からどう抽象化したものなのか？

二、絵から文字へ

絵→象形→語音→音符→表音文字（例、ＡＢＣ）
　　　　　　　　　　→音節文字（例、仮名）
　　　　→語義→意符→表意文字（例、漢字）

これらのどれによっているのか？

三、飾文字

○花文字　○ヒゲ文字　○ワク文字　など

完成している基本文字に、いろいろどう手を加えたものか？

古代を代表する文化民族の〝文字〟に注目してみよう。

メソポタミアの楔形文字

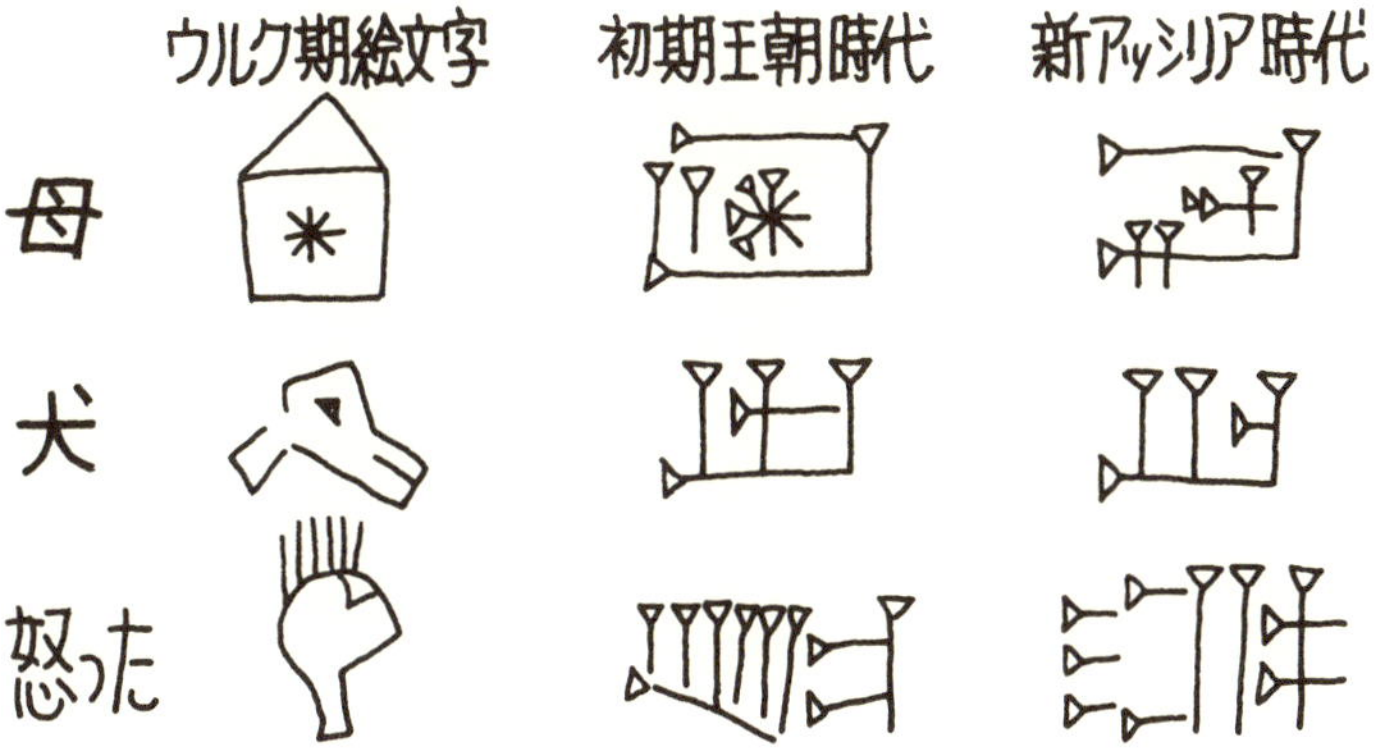

中国の漢字

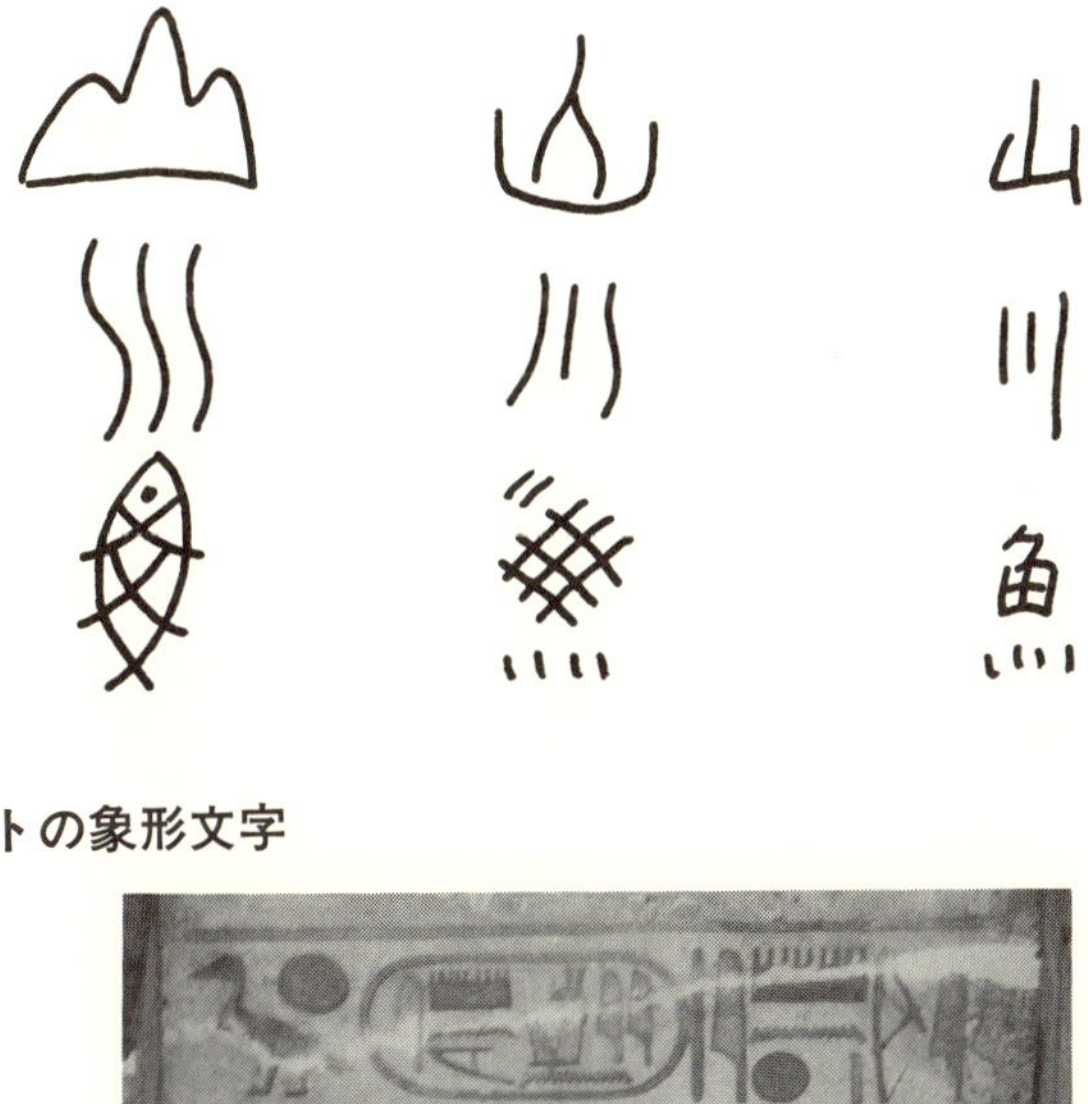

エジプトの象形文字

一応出来た基本文字に、いろいろな〝飾り付け〟の様式がある。
どんなものがあるか、いくつか集めてみよう。

飾り文字総出演

マヤの絵文字は、七五〇種あるといわれるが、飾り文字と漢字を合わせたような複雑さの中に、高級な知恵をもったものと思えた。

漢字の特徴は、一つの文字が音と意をもつだけでなく、左に示すように〝部分交換〟が自由自在にできていくらでも新しい文字を創案できる点である。マヤの絵文字も部分交換することによって多くの文字を創作している。

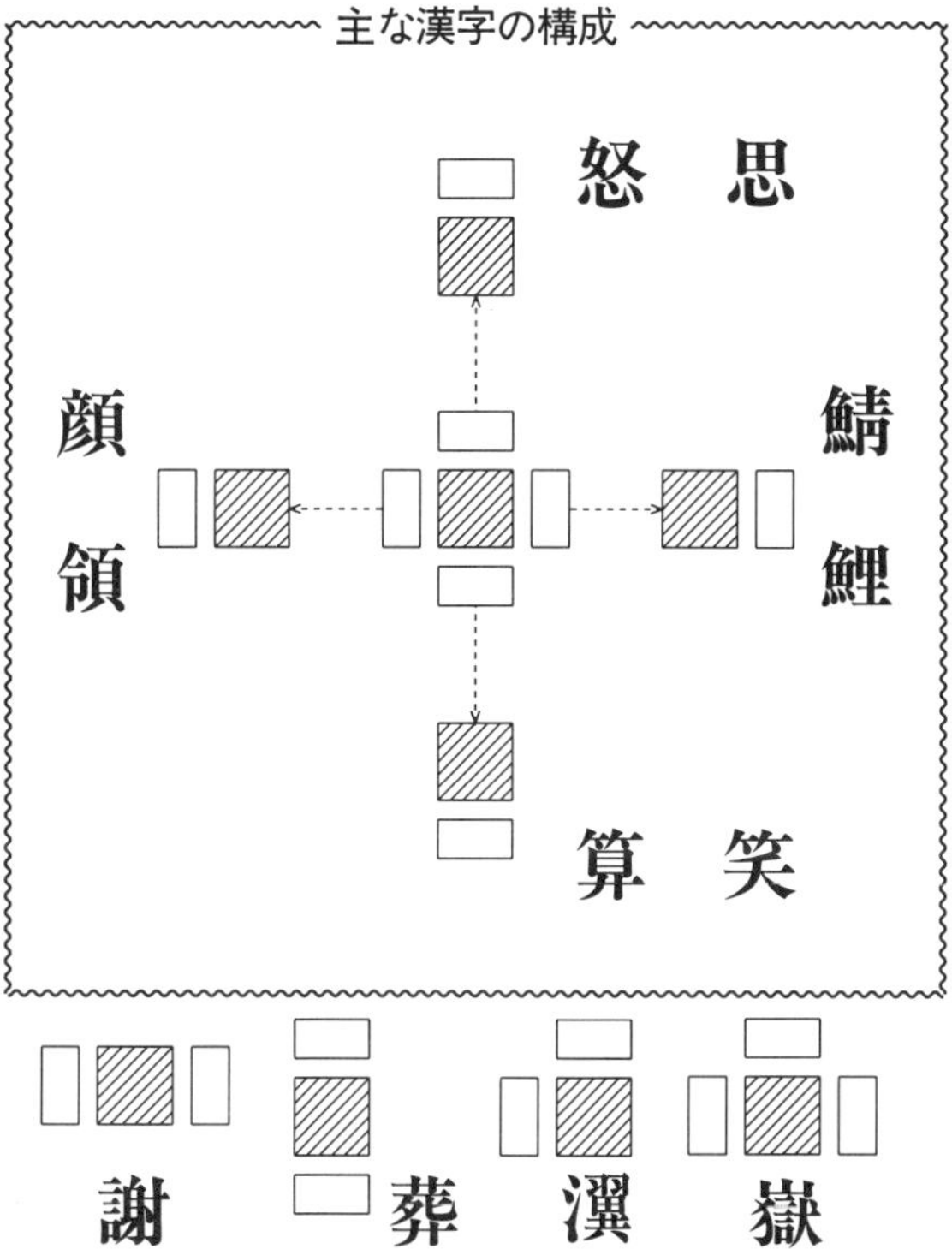

しかし、慣れないこともあるのであろうが、漢字の直線性にくらべ、マヤ文字の曲線性の絵は、なんとも難しい。

いきおいこんで絵文字に挑んだ三須照利教授も、文字の分析、統合作業でこまかい絵を描いているうち、いささか、ウンザリしてきている。

バトンを君に譲りたいと思っているが挑戦しないか。

解明できないまま話を次に移す

ことになるので、最後に資料を提供するとしよう。

左上の絵文字は先の「ライデン・プレート」裏面後半部分である。これは日本文字で示したように解読されている。

左中央の写真は、メキシコ国立人類学博物館に展示してあった絵文字であるが、そこには解説はなかった。（各所に数字●━が見られる。）左下は野外の生《なま》の石である。

「ライデン・プレート」の後半部分

メキシコ国立人類学博物館内のもの

パレンケの遺跡（野外）

メソアメリカ地域で最初の芸術を成立させたのは、メキシコ湾岸地方のオルメカ文化（紀元前一五〇〇—三〇〇年）である。

彼らは、多くの土器、土偶、石碑など残したが、もっとも有名なのが下の丸彫りの巨大人頭石像である。（同類は人類学博物館内、他にもある。）

この顔の人達がオルメカ社会を支配した、と伝えられているが、その後に登場する各地の石彫の顔とは似ても似つかないので、この民族は絶滅したのではないか、と想像されている。

前年、イラク—トルコを旅行したとき、トルコの有名なネムルート山に登った折、巨大人頭石像をいくつも見ることができた。

大きな顔だけの石像!!

これはいったい、何を物語っているのであろうか。

古代各民族が後世へ訴えたミステリーとも受けとれたのである。

ネムルート（トルコ）の山頂

ラ・ベンダ（メキシコ）の野外博物館

メキシコシティの空港をたった三須照利教授は、メキシコのエリート青年医師と機内で隣り合わせ、お互いに慣れない英語で適当な？　談笑をして過した。彼は休暇中に帰った実家からビラエルモーサの病院へもどる途中だそうで、アステカ文化についていろいろな話を聞かせてくれたのが、幸いその後の旅行に参考になった。

石像によく見るアステカ人の横顔に、彼の横顔がなんともよく似ているので思わずパチリ！　とさせてもらった。

余談であるが、その昔アステカ人が「自分たちはメシカ（メシトリ神を崇める人の意）である」と称したことから、メキシコの語が生まれたという。

〝大きな目と高く太い鼻〟が特徴

下の石彫に二人のアステカ人の顔が彫られている。立っている人は高位の人物のようである。（大きな鼻が特徴。）

メキシコの人口は一億人強といわれ、その構成はマヤ・アステカなどの先住民、征服者のスペイン人、そしてこれらの混血（メスチーゾ六〇％）、その他となっている。

各地を巡ると、実にいろいろな顔や体形があり、「メキシコ人は？」と思い出しても特定の顔が浮かんでこない。

ただ、アステカ系の顔や、小柄でくびがほとんどない（幼児期ハンモックで育てたからという）色黒のマヤ系の顔が印象的である。

〔問〕マヤ暦には、長期計算暦（直線型）と循環暦（周期型）とがあることを五六ページで述べた。

長期暦の起点は西暦でいうと、紀元前三一一四年八月一三日と算出されている。

ライデン・プレートは、起点から何年に当るか。また、三須照利教授がこの地を訪問したのは、マヤ暦出発からおよそ何年になるか。

テオティワカン遺跡のケッツァルパパトル宮殿の壁面彫刻

五、民族と居住地放棄

周期性と数学

〝知者は知で滅びる〟

という諺がある。

マヤの滅亡はまさにこれであったらしい。

世界の歴史上、もっとも優れた暦を作った民族といわれる彼らは、その暦で滅亡した。

循環暦のツォルキン（二六〇日暦）とハアブ（三六五日暦）との共通周期、つまり最小公倍数が五二年と算出される。

マヤ人にとって、この五二年周期は、異常なほど大きな意味をもっていたと思われる。

これは日本での十干十二支の周期が六〇年というのと似ていて〝ヒノエウマ〟の女性が敬遠されて、人々が出産をさけ六〇年毎の人口減が統計にはっきりと出てくることから想像すると、マヤの異常な習慣が多少理解できるであろう。

共通周期

$$\begin{array}{r|rr} 5 & 260 & 365 \\ \hline & 52 & 73 \end{array}$$

5×52×73
＝18,980(日)

18,980÷365
＝52(年)

「〃ヒノエウマ〃なんて単なる迷信さ。」

「ただ周期で回ってくるだけじゃあない。」

という冷静な人でも、いざ自分の子を生む段になると、もし女の子が生まれ「二十何年後にお嫁に行けないとかわいそう」と、この迷信に左右される人が多いのである。

暦の民マヤの人々も五二年は単なる〃周期的に来る年〃ではなかったのであろう。

この周期には、神秘性を感じ、五二年目を迎えると、永年の居住地を放棄して新しい土地へと向かったようである。

暦の天才が、自ら作った暦にしばられた、ということなのか？

あるいは、焼畑農業を主とした彼らの生活にとって〃畑〃の寿命がたまたま暦とよりよい生活のために転地する方法を選んだのか？

大きなミステリーとされている。

青木晴夫氏は『マヤ文明の謎』（講談社現代新書）の中で、マヤの崩壊について次の一〇の仮説を

日本の人口ピラミッド
（平成3年10月1日現在）

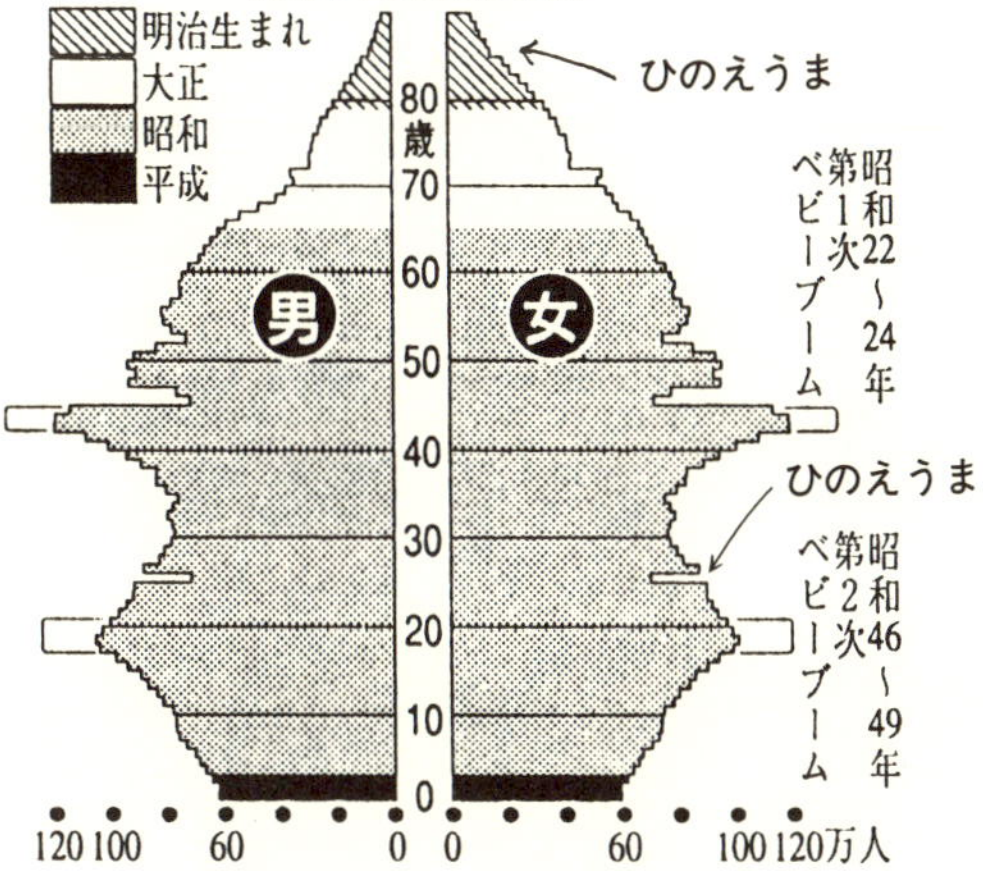

（1992年3月31日付　中日新聞掲載，共同通信配信）

立てている。

それぞれ興味あり、それなりに納得できる仮説であるが、これらは何もマヤ民族に限ったものではなく、特殊な崩壊をしたマヤには、別の原因があるように思われてならない。
一、地力消耗説
二、土壌流失説
三、草原転化説
四、地震説
五、ハリケーン説
六、適応性欠如説
七、疫病説
八、男女不均衡説
九、百姓一揆説
一〇、外敵侵入説
右とは別の説もある。
君はどんな仮説を立てるか。
他に飢餓説、害虫説、旱《かん》

マヤの住宅と竜舌蘭（繊維から各種産物を作る）

マヤの住宅（現在でも奥地にある）

日本の統治地

大和朝廷	
	約400年
平安京	
	400年
鎌倉幕府	
	400年
江戸幕府	
	400年
東京から遷都？	

メソポタミアの統治国

シュメール	550年
ペルシア(後)	530年
パルティア	470年
蒙古	350年
オスマン	300年
サラセン	280年

中国の主要統治国

西周	400 年
東周	500 年
前後漢	400 年
唐	400 年
宋	300 年
明	300 年
清	300 年

（拙著『数学のたまご』黎明書房参考）

魃《ばっ》説、人口過剰説、トルテカ人による強制疎開説、あるいは貴族の管理失敗説などなど、諸説フンプンである。

三須照利教授は、各種のマヤについての図書にある説をいちいち批判した後、彼の信じる仮説は『ハアウバ・カトゥン』を主張している。

彼の研究によると、上の例のように民族や統治者の勢いは多くの場合三〇〇年から五〇〇年ぐらいなものであることを、世界史、日本史について調べて結論している。

マヤの居住地放棄も、その例外ではないであろうし、これに『ハアウバ・カトゥン』が拍車をかけたものと予想した。

では、この『ハアウバ・カトゥン』とは何であろうか？

カトゥンは七二〇〇日で、宗教年は一三の数と二〇の日からなる二六〇日。この二つの日の最小公倍数が、

マヤの都市放棄

チチェン・イツァ	692年	
		256年
チャカンプトゥン	948年	
		256年
チチェン・イツァ	1,204年	
		257年
マヤパン	1,461年	
		236年
スペイン征服	1,697年	

7200日（1つの刻み）と260日（宗教年）の最小公倍数を求めると，

$$\begin{array}{r|rr} 20 & 7200 & 260 \\ \hline & 360 & 13 \end{array}$$

20×360×13

＝93,600(日)

＝256.44(年)

二五六年ということになる。(上の計算)

さてここで、マヤの都市放棄の歴史をみると、上のように、ほぼ二五六年の周期が示されてくる。暦の天才民族が、自らの暦に生活のすべてが振り回された、という想像は案外正しいのかも知れない。

これを書いているとき次の新聞記事が目に留まった。

〃シルクロードの歴史の舞台から、約一五〇〇年前に、忽然《こつぜん》と姿を消した楼蘭王国。約四〇〇〇年の眠りについていた「楼蘭の美女」は、その王国にほど近いロプノルで見つかった〃と。

民族、王国が忽然と消える。民族のミステリーであろう。

〔問〕各民族では、好む数と嫌う数をもつものである。日本では、三、七、八が好まれ、四、九が嫌われる。マヤ人の好きな数、嫌いな数は何か。

第4章

アステカに伝わる不吉な予言

メキシコ国立人類学博物館内の『アステカの暦』
（扉おもての図は1エブ。57ページ参照）

メキシコ市と姉妹都市の提携
を結んでいる名古屋市には，
『アステカの暦』のレプリカ
が寄贈されている

一、アステカの文化と数学

立体と設計図

学校の先生に限らず、会社の上役、スポーツの監督など、人を教育、リードする立場にあるものは、〝五者をもて〟といわれている。五者とは次のものである。

学者――その道の専門家、プロ。実力をもつ。

医者――人の心身を読みとれて、それに適切に対応する力をもつ。

役者――演技能力をもち、魅力的な言動をもつ。

芸者――一芸一能に通じ、何か一つのことに徹した経験をもつ。

易者――予言者的な資質をもつ。

三須照利教授は、自分の生徒・学生時代や教師時代を通して、五者をもつ先生が必要であることを痛感しているが、彼自身、少年時代に得難い体験をもっていることがその背景にある。

一般的に言えば「大学の数学教授」という人は小学生の頃から算数の学力が高く、中・高校生ともなると数学の難問をスラスラ解いて大学の数学科へと進学した、と想像されている。事実、多くの教授がそうした経歴をもっているようである。

しかし、三須照利教授は中学時代（旧中学で五年制）の前半まで算数・数学があまり得意ではなく、むしろ文系――特に歴史――人間だという自覚であった。

中学三年生の夏休みに、多量の「因数分解」の宿題が出され、自分の自由な時間をとりたかった彼は、このいやな宿題を早々に片付けたいことから、毎日、因数分解だけに熱中した。

すると、解法のコツというか勘がつかめ、〝自己流解法〟の発見から、数学への自信もついた。

九月の新学期の数学授業は、彼にとって胸をワクワクさせる楽しみなものであった。

黒板に書かれた因数分解の問題を、彼は真先に手を挙げ悠々と黒板に向かった。

厳しく、こわいことで有名な〝海入道〟（アダ名）は、彼の解答を見ながら、

「ウゥ〰〰、これはメイ解だ。よくこんな妙な解法を発見したものだ。

東大からお呼びがくるぞ。」

思わぬユーモラスな一言で、クラス中が笑いの渦になったが、彼は内心おおいに満足した。

「メイ解」とは名解のこと、「東大からお呼び」とは東大へ入学できる学力があるということ、と理解し、先生が〝東大合格〟を予言してくれた、と思ったからである。

彼の数学への興味と自信が、これによって拍車をかけら

れ、その後彼の勉強時間の大部分は数学挑戦に向けられ、やがて無事、大学の数学科へ入学した。このとき、自分をささえた先生の〝予言〟におおいに感謝したものである。

〝海入道〟に合格報告に行った際、この話をしたところ、「あまりの迷解だったので、これは東大病院精神科からお迎えが来る、という冗談で言ったんだよ」とのこと。アア……。

これから紹介するアステカ文化は、これとは逆に〝予言〟によって滅亡したのである。

アステカ人と生贄!!

三須照利教授は、飛行機内での〝生贄寸前の恐怖の夢〟が未だ脳裏から去っていないので、マヤ人と同じ生贄の民族が作るアステカ文化には特殊な思いがある。

彼らはメキシコ盆地（現首都の周辺）中心に一四～一五世紀に大発展したが、ここにはすでに先住民族の大文化があった。

紀元前一五〇〇年頃誕生した、メキシコ湾岸のオルメカ文化は、その後ユカタン半島一帯のマヤ文化とメキシコ中央高原のテオティワカン文化として広がり、後者は紀元九〇〇年頃トルテカ文化となる。このトルテカ文化の継承者がアステカであった。（巻末の資料「中南米の文化」参考）

アステカ人は、もともとチチメカと総称される文化程度の低い狩猟民族であったが、古代ギリシア、ローマ民族と同様、勇猛果敢で戦闘力があり、周辺諸民族を征服して権力者となり、やがてメキシコ盆地に落ち着きトルテカ文化を吸収して一つの文化勢力になったのが、一四世紀初めである。

鷲とジャガーの石彫（テオティワカン）

一五世紀後半にはメキシコ各地を征服し、一五〇二年にモクテスマ二世が王位に就いたときは、名実共にメキシコ中央高原の覇者になっていた。

アステカ社会は、

王、貴族、平民、農奴、奴隷

という階層がはっきりし、また、従属民族から、多量の納税、貢納を、大土木工事の際は労働力の提供をさせたという。

アステカ社会の統合力は宗教で、これはトルテカ文化から受け継いだ〝生贄の思想〟（マヤもこれを受け継ぐ）であった。

「太陽は、昼は鷲《わし》であり、火の蛇とともに輝きながら天がける。しかし午後になると力がおとろえて光が弱くなり、やがて一日の旅に疲れはてて、日没後は、地下の闇の世界の中をジャガーとなってはい回る。この力を失った太陽に力を与え、新しい日をむかえるためには、たえず太陽に人間の心臓と血をそなえなければならな

い。」(『マヤとアステカ・太陽帝国の興亡』日本放送出版協会)
前述のモクテスマ二世の父が、首都の大神殿を完成したとき、それを祝って二万人の生贄が捧げられた、というのであるから、この信仰心にはただただ驚くほかはない。

アステカの暦(1479年の作)

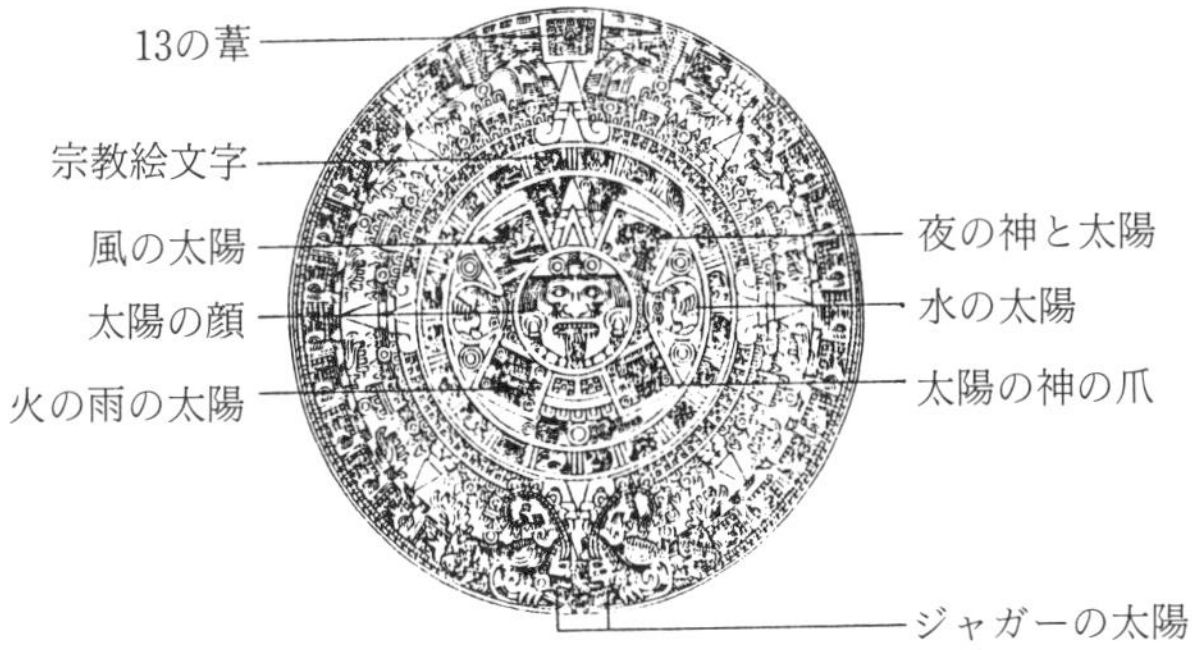

(昭文社発行『メキシコの旅』より転載
地図使用承認©昭文社第 07E013 号)

狂信的信仰のためか、芸術でも死者や人骨をモチーフとした奇怪異様なものが多い。(マヤ人は写実的でこれとは対照的。)

灌漑工事などにみるべきものはないが、諸所に大神殿を築いていることから彼らの幾何学的な学力(設計図や測量術)が高いことを示す。

暦法はマヤの影響も受け、有名な『アステカの暦』(一一六ページ写真参照)は、上に示すようにいろいろな意味をもっている。天体観測のレベルも高いがマヤほど数学の力はなかったという。

〔問〕三次元の立体を二次元の平面に表す方法をいえ。

二、予言の的中と信仰

的中の確率

伝統をもつマヤ、全盛期を迎えていたアステカ、そしてインカ。中南米の三大文化。マヤ・アステカが、スペインの青年貴族フェルナンド・コルテス（一四八五―一五四七年）の率いる六〇〇人たらずの軍隊に、インカはフランシスコ・ピサロ（一四七八―一五四一年）の一八〇人に征服されたというミステリー。

自滅間近であったマヤはともかく、三七一の都市国家を従えた大アステカ帝国が征服されたことは、三須照利教授がどうにも理解できないものであった。

しかし、この謎は調べていくうちに解明されてきた。

〝伝説予言の偶然の一致〟と、この弱点に乗じた周辺民族の反抗によってである。

アステカの人々は、これまでこの世は四度創造されて滅び、現在は五度目の世界であると信じていた。しかもアステカにはトルテカ王国で長く語り継がれた『ケツァルコアトル神話』があり、これは次のような伝説である。

「トルテカには闇の神で軍神で犠牲を要求するテスカトリポカ神と、文化的なケツァルコアトル神がいた。ケツァルコアトル神は人身御供の悪習を止めて、代りに黒曜石や蛇、蝶を犠牲にせよ、と言った。

この二神(それぞれ代表する神官)が対立して争い、その結果ケツァルコアトル神が敗れ、都トゥーラから追放されてしまう。

ケツァルコアトル神は別れ際に〝私は『一の葦の年』に帰ってくる。そのときは、人民にとって大変厄災の年になるであろう〟と言い残し、東の海へと去っていった。」

一五一九年、スペインのコルテス一隊がアステカを訪れ、皇帝に面会を求めた。

この年はちょうど伝説の『一の葦の年』に当る上、髭《ひげ》をはやしたふしぎな白人が来たということが、信仰心の深いモクテスマ二世にとって、伝説のケツァルコアトル神が東から再来したものと信じてしまった。これが悲劇をもたらした。

似た話に、マヤの『チラム・バラムの書』がある。

チラムとは予言、占いをおこなう神官層、バラムとは魔術師の意味という、この書には、

「わが王イツァよ来たれ。(中略)汝らの客、髭を生やした る者、東方より来る。神の印をもたらす使者を出迎えよ。」

いつかこうした髭のある王が来て〝新しい宗教〟をもたら

すと予言されていたわけである。

一方、遠いインカにも創造主ビラコチャ（髭を生やした白い人間）の再来説があった。

そして、一五二一年アステカ、同三二年インカ、同四八年マヤが征服されていった。

伝説の予言、偶然の一致、信仰、……。

日常，目にする予□

予言	運命予言
予想	当落予想
予報	天気予報
予知	地震予知
予測	災害予測
予定	工事予定
予見	将来予見
予告	試験予告
予感	不吉な予感
予断	予断を許さぬ
予期	予期に反する

ここにミステリーを感じるのである。

日本の街の書店の棚には、
○ノストラダムスの大予言
○聖徳太子「未来記」の秘予言
○エドガー・ケーシーの大予告
などの予言、占いに関する本が並び、TVでは、占師の予言特集が組まれ、日々の新聞では、上のような文字が頻繁に見られる。

人間はいつの時代でも、未来に対する情況や現象に期待、夢、あるいは恐怖、不安などを抱くのであろう。

ある日の新聞記事に、〝未来予測〟について次のようなものがあった。

一、高名なジャーナリスト、ナイジェル・コールダーは、科学者と人文学者百人の予測をもとに『一九八四年の世界』(一九六四年発行)を出版した。そこには二〇年後について、次のことが自信に満ちて描かれていた。
○一九八四年までには、人間が火星に着陸しているだろう。
○人間の住みついた基地が月面に建設されているだろう。
しかし、どちらも絵空事に終り、予測ははずれた。
二、科学技術庁は、ふつうのアンケートより一段進んだ「デルファイ法」(一度集計し、それを示して再調査する)で調査した未来予測を発表した。左はその例である。
○西暦二〇〇五年までに、ガン細胞を正常細胞に変える方法が開発されている。
○西暦二〇〇六年までに動脈硬化を治す薬がつくられる。
○西暦二〇〇七年には大地震が数日前に予測できるようになっている。
これらの予測、予言は何ら社会的な被害はない。単なる楽しい話題、夢物語である。

しかし〝彗星《すいせい》が地球に衝突する〟という予言(結果としてはデマ)によって「どうせ死んでしまうなら、その日まで思い切り楽しく生きよう」ということで遊び過し、財産をなくした、という話がある。予言が人の人生をくるわせることがあるのも忘れてはならない。

〔問〕週刊誌、TV、新聞などでは、いろいろな人の予言が紹介される。〝予言者〟として人々に認められるには、当る確率がどれほどであることが必要か。

蛇足

世間を騒がせた数学者

一六世紀のドイツ最大の代数学者ミカエル・ティフェルは、アウグスティヌス派の修道士であったが、彼は聖書を分析した結果、〝この世は一五三三年一〇月三日に終る〟という予言を発表した。

これを信じた人々は、仕事を止めて飲み食い遊んで金を使い果たしたがその日は何事も起こらなかった。

この結果、無一文になった人々が怒ったが、ルターによって鎮められたものの、彼はウィッテンベルクの牢獄に逃げ込み難を避けたという。後にルターの教義に改宗し、牧師として各地を放浪する生涯を過した。

彼は数の神秘に興味をもち、数学書を五冊著したが、その中の『算術大全』（一五四四年）は有名である。2^nの形の数の〝指数〟の語は彼の命名によるものである。

『算術大全』(Arithmetica Integra)
の第１部の中の等差数列と等比数列の対比

$$\cdots\cdots -3,\ -2,\ -1,\ 0,\ 1,\ 2,\ 3,\ \cdots\cdots$$
$$\updownarrow \quad \updownarrow \quad \updownarrow \quad \updownarrow \quad \updownarrow \quad \updownarrow \quad \updownarrow$$
$$\cdots\cdots \frac{1}{8},\ \frac{1}{4},\ \frac{1}{2},\ 1,\ 2,\ 4,\ 8,\ \cdots\cdots$$
$$(\cdots\cdots 2^{-3},\ 2^{-2},\ 2^{-1},\ 2^{0},\ 2^{1},\ 2^{2},\ 2^{3},\ \cdots\cdots)$$

三、「偶然の一致」の確率

人間感覚と計算値

三須照利教授の誕生日は八月九日である。もちろん戦前生まれである。

終戦後数年してから、八月九日が近づくと繁華街の電信柱に〝八月九日を忘れるな〟と書いた貼り紙がベタベタ貼られているのが気になった。いくらオメデタイ三須照利教授でも、世間の人達が、貼り紙までして自分の誕生日を祝ってくれるとは考えられない、と首をひねった。

よく見るとこれには二種類あり、こまかい文字にそれぞれ次の文が書いてある。

○アメリカは八月九日長崎に原爆を落とした（左翼系）

○ソ連は八月九日不可侵条約を破って開戦した（右翼系）

なんと、左右両翼系が〝偶然の一致！〟

また、一九九一年一〇月、日本のトップクライマー長谷川恒男氏が、シシャパンマ（八〇一三メートル）で雪崩《なだれ》で死亡。冒険家植村直己氏と同じ、四三歳。偶然の一致。

一九九二年一〇月、女優太地喜和子は、下田での『唐人お吉』の芝居の前日、同乗した自動車が海に落ちて死亡した。唐人お吉と同年齢で同水死であった。

ともに48歳、伊豆で水死という偶然
太地喜和子＝唐人お吉説

世の中にはこんなふしぎな一致が意外に数々あるものだと感心したものである。

彼が高校で担任をしたとき、初日に全員四〇人に氏名、所属クラブ、誕生日を順に言わせた。ところが誕生日が同じものがいて、クラスがどっと湧いた。

「たった四〇人なのに、誕生日が同じなんて……、スゴイ偶然の一致だナー。」

そんな感想のようであった。彼は自己紹介を途中で止めて、

「みんな、そんなに驚くことかい？」

と生徒の顔を見回した。生徒達は、驚かない先生の方がオカシイという表情をしている。何しろ三六五日の中の四〇なので、一致する確率が少ない、と考えるのが常識的なのであろう。

三須照利氏は、早速「四〇人の人の誕生日が同じもの一組が出る確率」を宿題とした。

下はそれの確率をグラフにしたものである。

集団と同じ誕生日が
1組以上いる確率

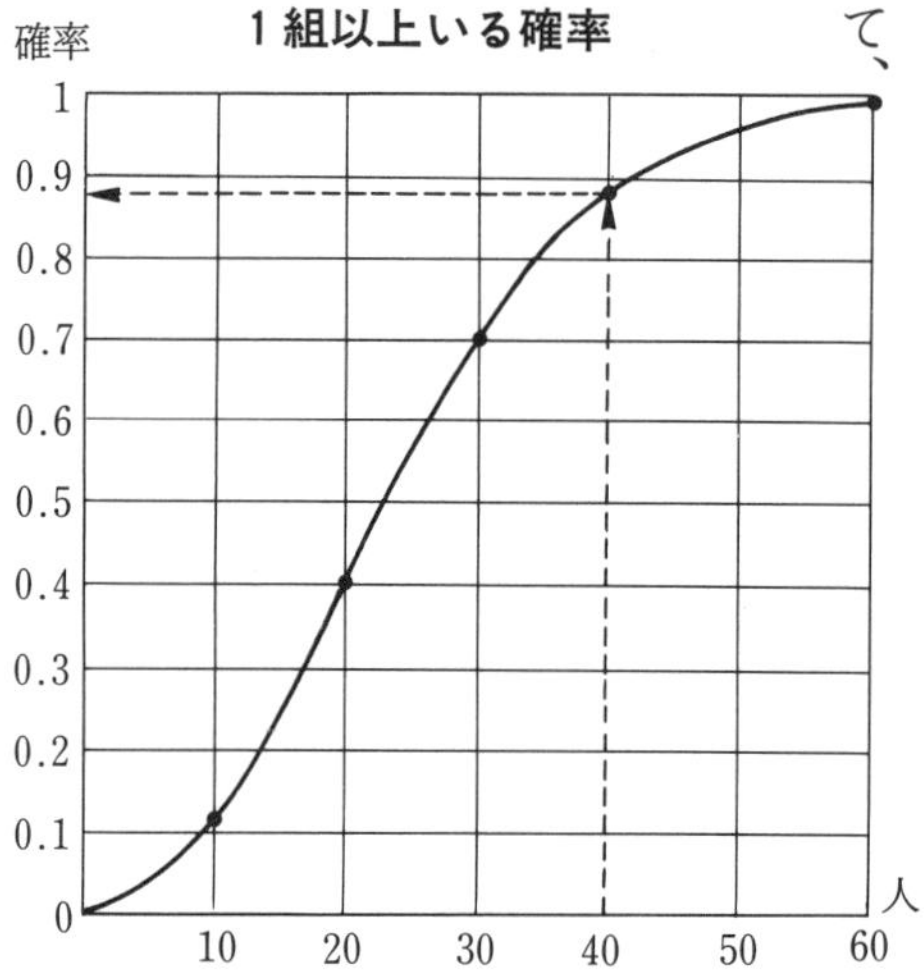

〔**前提**〕 日本人を1億人とし，未知のA，B 2人が独立に1,000人ずつ知人をもつとする。

〔**計算**〕 Aが自分の知人でBの知人でない人を選ぶ確率は両方の知人である確率の余事象から，

$$1-\frac{1,000}{100,000,000}=0.99999$$

そうした人を1,000人とり出す確率は1,000人分の積で，

$$0.99999^{1000}\fallingdotseq 0.99$$

AとBが共通な知人をもつ確率は，知人でない確率の余事象から，

$$1-0.99=0.01 \qquad \text{つまり}1\%$$

四〇人いると誕生日が同じものが一組以上いる確率は、約〇・八九で決して〝偶然の一致〟ではない。

旅行団体や何かの行事、集会でたまたま知り合った人といろいろ世間話をしていてお互いに共通な知人がいた、ということが稀《まれ》にある。

〝お話してみるものですネ。〟

と偶然の一致に驚いたりよろこんだりすることがあるが、このようにこれまで未知だった人同士に共通の知人がいる確率はどれほどであろうか。

上のような前提で計算してみると、ナント確率一パーセント。二人が同種の職業や趣味をもっていたら、確率はもっと高くなり、〝偶然の一致〟は意外におおいにあり得る。

「一三日の金曜日の仏滅」という日が一年に一度ぐらいある。

西洋の悪い日と東洋の悪い日とが〝偶然の一致〟という日である。この方は、だいぶ確率が低く、まさに偶然の語に値するものである。

1カ月が30日周期だと，3つの最小公倍数を求めて，

```
2 ) 6   7   30
3 ) 3   7   15
    1   7    5
```

$2\times3\times1\times7\times5$
$=210$(日)

〝13日金曜の仏滅〞は210日周期になるが……。

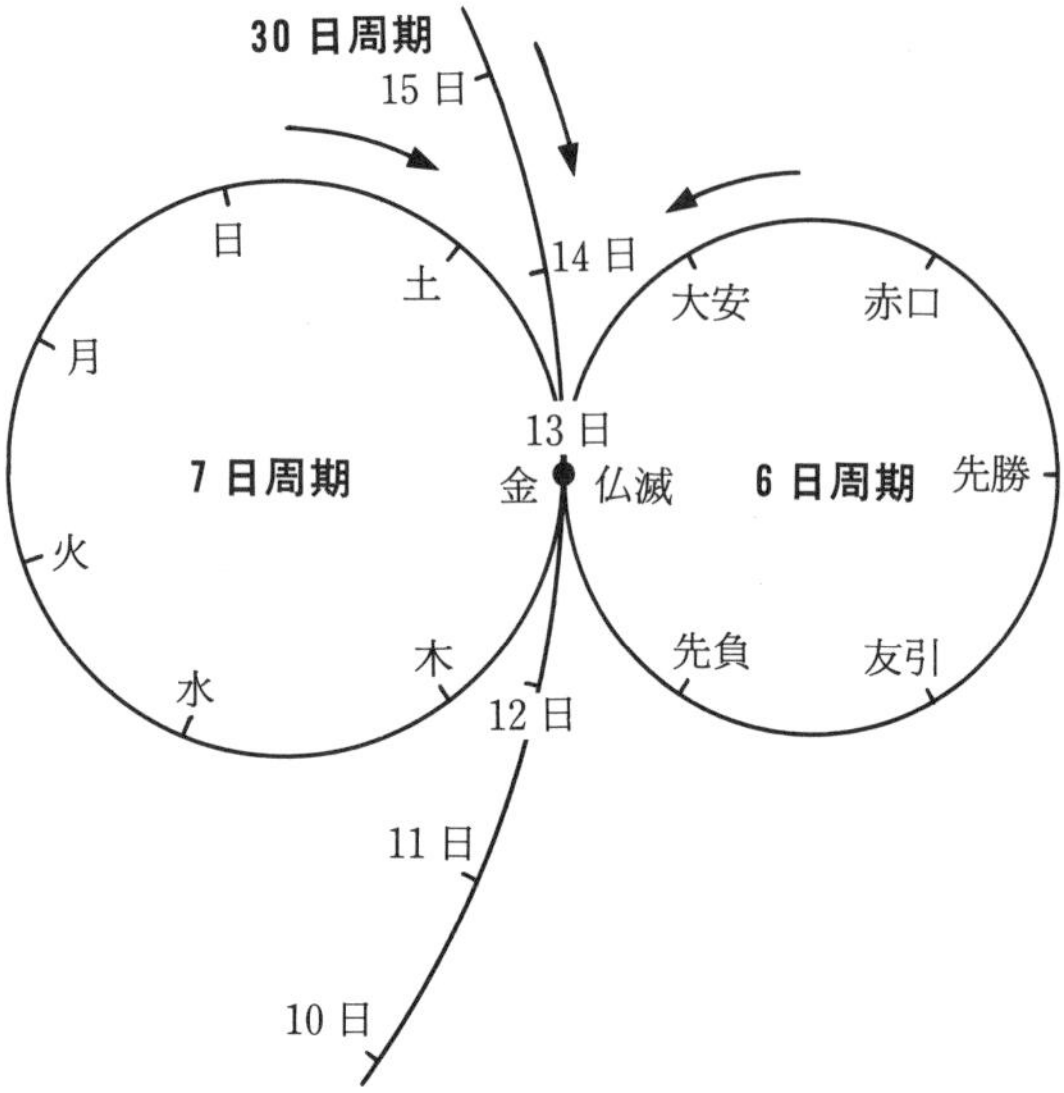

考えやすいように、一年の各月を三〇日周期としてみよう。

　すると、「一三日の金曜日の仏滅」という三つが一致する周期は上の計算から二一〇という値が得られる。しかし、「凶吉輝六」は正確な六日周期ではなく、各月も三〇日周期ではないので、もっと一致の確率は低くなる。

　ちなみに一九九一年度では一回もない。

　前年度一回あったが、幸い世界中で大きな事件は何も起きなかった。

〔問〕未知の二人A、Bが、共通の知人をもつ確率は一パーセント（前ページより）ということであった。

　では、この前提でAの知人とBの知人（各千人）との間で知人関係にある確率はどれほどであろうか。

蛇足

数学研究の偶然の一致

世界中の「時代を越え、民族・国家を越えた文化」は、まず絵画、彫刻、音楽などの芸術をあげることになろう。しかし、いわゆる学問の領域となると、それは『数学』である。

現代〝世界の共通語は数学〟ということができるほどである。

太古においても、エジプトの測量術や建造術は、交流のなかったマヤ・アステカのそれと同じであり、計算方法、暦法なども類似している。

数学がこうした広汎性、共通性をもっているだけに、同じ時代にまったく未知の数学者が同じ数学の研究をし、ほとんど同時に新しい数学を創造する、という偶然の一致は数学史上、しばしばあったのである。

その代表が『微分積分学』で、しばらくの間イギリスとドイツの数学者が、先陣争いをした話である。

対数や非ユークリッド幾何学、近代統計学の創案についても、あるいは五次方程式の一般解への挑戦など、いや、まだ数々の研究上の偶然の一致がある。

四、数学上での予想

帰納・類比と公式・定理

『数学』という学問は、鉄筋のビルのように堅牢なものと考えられがちであるが、数学でも新しい分野の開拓に当っては、予想、予測、仮定といった不たしかで見通しの立たないことが出発点になっている場合が多いし、古くからそのまま未解決なものもある。

この予想、予測、仮定は、偶然に立てられることもあるが、だいたいいくつか関連あることからの〝帰納〟やすでに知られたことを土台とした〝類推〟（類比推理）によるのである。

帰納や類推によって作られた予想、予測、仮定が正しいかどうかは、証明（演繹《えんえき》）により、その証明された命題で、今後しばしば使用されるものが定理と呼ばれるものである。

次ページは簡単な例で、帰納・類推からある予想を立て、これを証明して定理とする段階を示したものである。

では、帰納・類推から得た予想なら、必ず真の命題で証明できるか、というとつねにうまい具合にいく、とは限らない。

一三四ページのものは、帰納・類推から予想を立てたが、うまくいかなかった例である。

帰納・類推と予想

円周角		三角形の面積
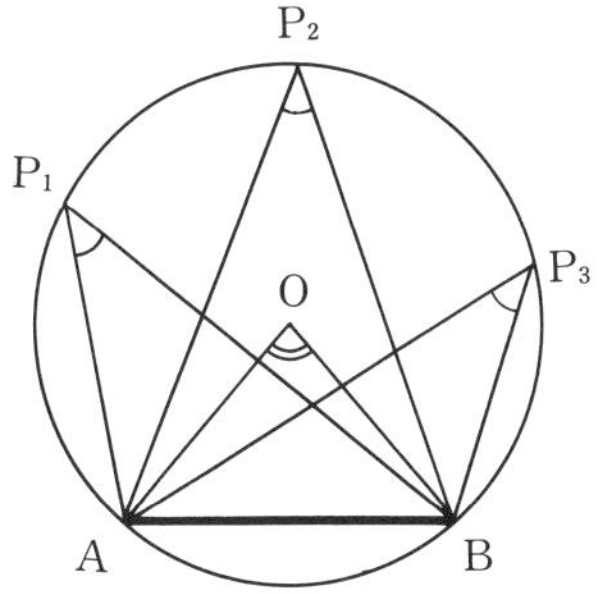		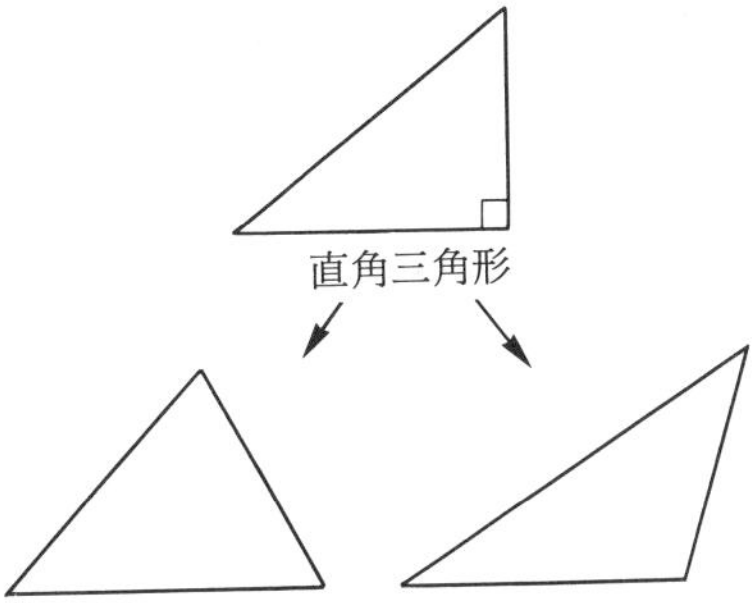
〔帰納〕		**〔類推〕**
分度器で測ると $\angle P_1=\angle P_2=\angle P_3$ となる。	**予想の動機**	三角形はどんな形でも面積の求め方は同じではないか。
	⇩	
円Oで弦ABの上にできる円周角は等しいらしい。	**予想**（仮設）	どんな三角形でも，その面積は(底辺)×(高さ)÷2で求められるらしい。
⇩		⇩
$\angle P_1=\angle P_2=\angle P_3=\dfrac{\angle AOB}{2}$ $=(\text{一定})$	**証明**	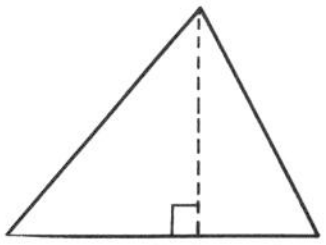 2つの直角三角形の和 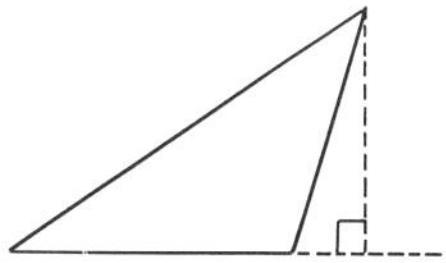 2つの直角三角形の差
⇩		⇩
同じ円で，同じ弦の上にできる円周角は等しい。	**定理公式**	三角形の面積は，次の式で求められる。 $S=\dfrac{bh}{2}$ $\left(\begin{array}{l} b：\text{底辺} \\ h：\text{高さ} \end{array}\right)$

帰納・類推から得た予想の失敗例

〔帰納〕

$f(m)=m^2+m+11$ の式の値

$f(0)=0+0+11\ \ =11$
$f(1)=1+1+11\ \ =13$
$f(2)=4+2+11\ \ =17$
$f(3)=9+3+11\ \ =23$
$f(4)=16+4+11=31$
………………………

} 予想⇨素数の式らしい

（反例）

$f(10)=100+10+11=121=11\times 11$　（合成数）

予想がはずれた！

〔類推〕

(1)　角の二等分の作図 $\overset{\text{予想}}{\Longrightarrow}$ 角の三等分の作図ができそう

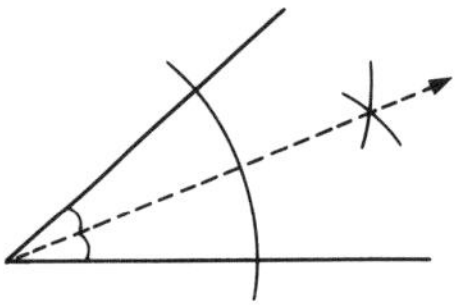

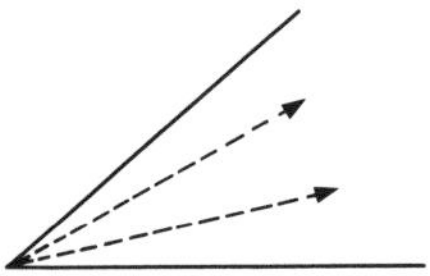

(2)　正方形の2倍の作図 $\overset{\text{予想}}{\Longrightarrow}$ 立方体の2倍の作図ができそう

} 定木，コンパスによる作図は不可能（19世紀，証明）

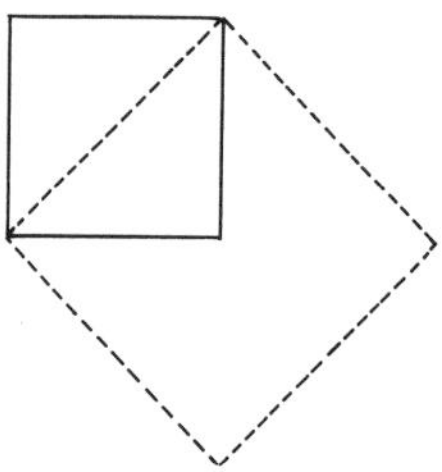

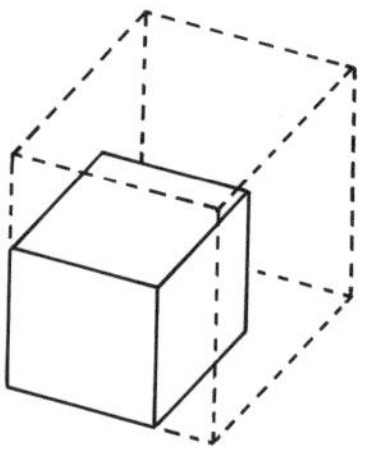

予想がはずれた！

算数・数学の学習中、自分で予想してやって成功したことと失敗したことがあるであろう。左のおのおので、予想の成否を考えてみよ。

〝予想〟の成功と失敗

図形・確率	数　式
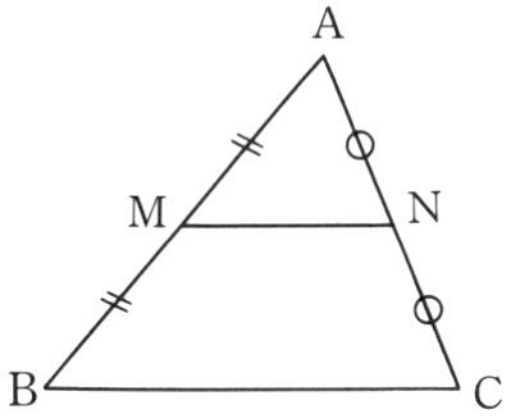 見た目から MN∥BC　で　$MN=\frac{1}{2}BC$ のようだ。	$4+0=4$ だから， $4\times0=4$ だろう。
	$\frac{3}{7}+\frac{2}{7}=\frac{5}{7}$ だから， $\frac{3}{7}\times\frac{2}{7}=\frac{6}{7}$ だろう。
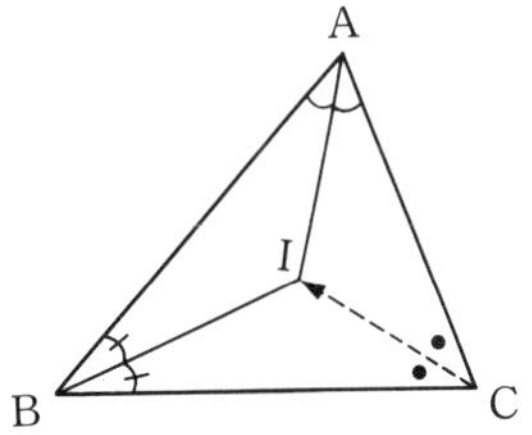 3つ目の∠Cの二等分線もIを通りそうだ。	$(-2)\times(+2)=-4$ $(-2)\times(+1)=-2$ $(-2)\times0\quad=0$ $(-2)\times(-1)=+2$ （2ずつふえる） となるから， (負)×(負)=(正) だろう。
ネス湖にネッシー(怪獣)が「いるか」「いないか」のどちらかだから，いる確率は$\frac{1}{2}$だろう。	$(x+a)(x-a)=x^2-a^2$ だから， $(x+a)^2=(x+a)(x+a)$ と考えて， $(x+a)^2=x^2+a^2$ だろう。

小・中・高校の初等的な数学の学習で、学習者は「これまでの計算ルール」や「図への直観」で自分勝手の予想——前ページのようにときに正しく、ときに誤り——を立てる。これがきっかけで、算数・数学が好きになったり嫌いになったりすることさえある。

計算の領域では、0、分数、負の数、虚数などの計算ルールが、そのときどきで約束を変えているため、予想ちがいによる混乱が起きたりする。

○5×3とは5を3回たすことである。では，5×0.3は？ 0.3回たすなんてできない。

○算数では，2−7は答がない，といいながら，中学では，−5という答がある。

○ $\sqrt{5}+\sqrt{3}=\sqrt{8}$（5＋3の類推）は間違いなのに，$\sqrt{5}\times\sqrt{3}=\sqrt{15}$（5×3の類推）は正しい。

○測定値が3600mのとき，1mの巻き尺で測ったのなら，3，6，0，0すべて有効数字。10mの巻き尺なら3，6，0，100mの巻き尺なら3，6，と0についていろいろな意味がある。

○4÷4，7÷7，が答1なので，0÷0も答1かと予想したら「不定」が答である。

などなど，算数，数学では，ウカツに帰納・類推，はては常識で予想などをすると，誤ってしまうことが多いものである。

一方、図形の方は、図を正確に描き、しかも同種で形の異なる多数の図を観察すると、予想が意外に的中し、自ら定理を発見することがある。

〔問〕三角形、四角形、円などの図形について試みると、大昔の大数学者がいろいろな定理を発見した感動の追体験ができてなかなかうれしいものである。やってみよう。

蛇足　一見易しそうな未解決問題

1．オイラーの仮説

ドイツの数学者ゴールド・バッハの問題をオイラーが改良したもの。

「2より大きい偶数はすべて2つの素数の和で表される。」

(例)　$8=3+5$　　$16=5+11$　　$32=3+29$

2．双子素数の疑問

5，7や11，13のように2だけ違う素数の対を双子素数というが，これの出現率や有限個か無限個かということが，まだわかっていない。

3．フェルマーの予想

フランスの数学者フェルマーが三平方の定理を発展させたもの。

「$x^n+y^n=z^n$ という方程式が整数 $n\geqq 3$ に対して，正の整数解 x，y，z $(xyz\neq 0)$ をもたない。」

この問題は2007年9月13日までに証明すると賞金10万マルク（800万円）がもらえる。

4．四色問題の謎

「すべての地図は四色で塗り分けられるか」という問題で，一応コンピュータによる〝実証〟ができた（信用しない数学者もいる）が，〝論証〟はまだできていない。

5．カントールの連続体の仮定

集合論の創設者カントールは，自然数，有理数の集合は「可付番集合」，実数の集合は「連続体」といい，さらにこの2種の無限の間や他に別の無限があると考えられている。

五、『推測学』というもの

いろいろの推測と根拠

三須照利教授は、予言、予告、予測について『推測学』といった目で分析してみようと考え、社会の中のこれらに着目してみた。

一、神話、昔話、伝承タイプ

想像力豊かで頭の良い人が創案したもので、ときに根拠があり、また警告的な意味をもっているものもある。これが強い信仰に支持されると、社会を揺るがす。

二、占系《うらない》タイプ

種類によっては、長い伝統（統計的な蓄積）にもとづくある程度信頼できるものもあるが、占師の霊感と称するもの、各種小道具によるものなどを根拠にしているものが多い。個人の段階で信頼するのはよいが、一国の宰相が占師の指示によって国の方向を決める（とマスコミ報道）となると問題である。

三、政治家タイプ

大物政治家ともなると、国や市町村の期待があり、将来構想（予告）を打ちあげる人が多い。

一方自分自身の問題、たとえば総裁選挙になると、

「仮定の話や仮定の質問には答えられない。」

とふだん放言的予言をする人が、妙に現実的な返事を記者達にしている。

四、行政担当タイプ

財務省は将来の国家収入を、文部科学省は何年も先の児童、生徒数の予測をする。国土交通省は新幹線や自動車道路建設計画など、行政関係では、資料にもとづいた予測を発表する。予告、予測は重要な仕事である。

五、天文関係タイプ

大昔から各民族で暦作りのほか〝日食〟の予言のため天文観測が発達している。日中突如として太陽が無くなることは、古代民族にとってはたいへんな恐怖であった。マヤ、アステカのように〝太陽神〟を最高に崇拝する民族では、大恐慌を起こしたと伝えられている。そこで神官（天文学者、数学者）が〝日食〟などの天変地異を予言することは信頼と権位を保つ上で主要な仕事の一つであったのである。

天文関係は右の社会事象と異なり、ほぼ確実な周期性をもっているので太陽、星そして彗星などの運行の予言は正確に近いものである。ただ人間生活に深くかかわる、地震、台風、大雨、火山、大火などの予言、予告は占いを一歩出た程度で、今後の研究に期待されている。カタストロフィー、カオス（後述）という新しい数学が、これに取り組んでいる。

最後に登場するのは、数学が社会にかかわる予言、予告であるが、これは多くのデータにもとづいているので、もっとも信頼の高いものといえる。

その代表的分野が『推計学』（推測統計学）である。

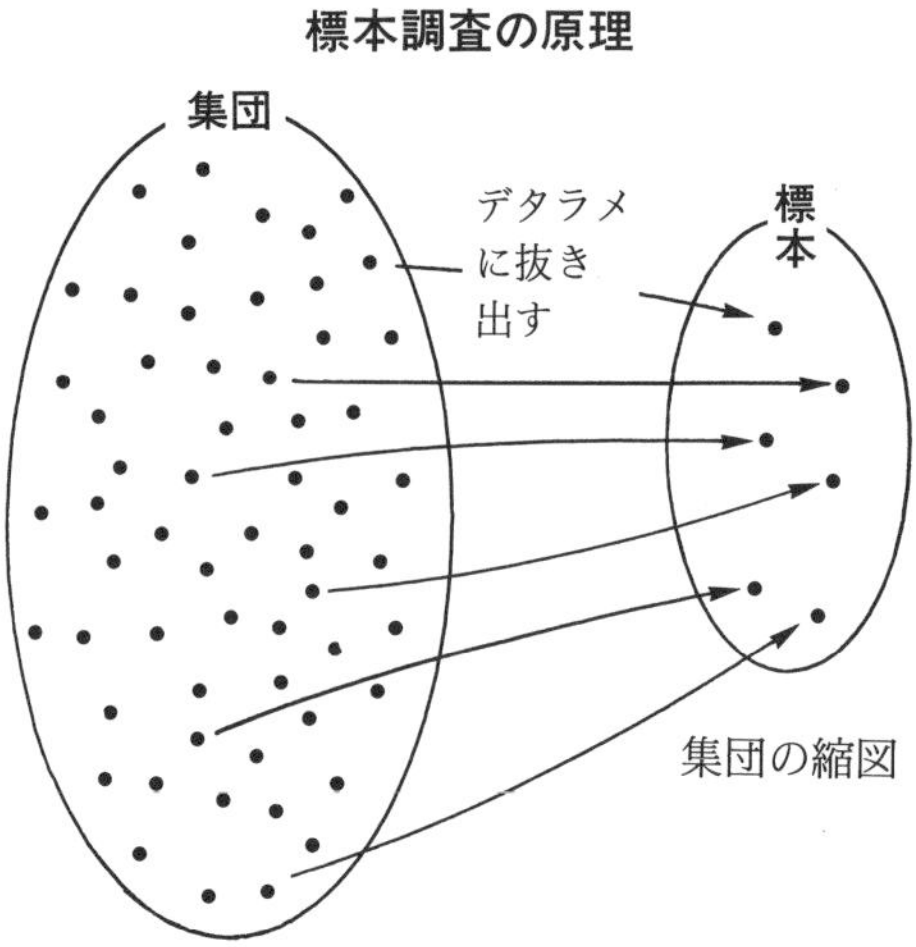

これは、ある集団がもつ傾向を調べるのに、その一部を乱数表や乱数サイコロでデタラメ（無作為）にとり出し、その標本を調べて、集団を知る方法が推計学である。

ＴＶなどの視聴率調査、大量生産品の抜き取り検査、選挙の当確予想、動植物の生存予測などに利用されることは知られているが、現状から未来予想も可能である。

「稲作収穫予想」もその一例である。

二〇世紀に入って、数学は自然科学の道具から大きく飛躍し、社会科学や人文科学の諸問題解明に力を発揮するようになった。

イリオモテヤマネコ　100匹生息
10年前推定の2.5倍
調査精度高め判明

いまから八十数年前、ディズニーは、カリフォルニア州ロサンゼルスの東南五七キロの砂漠地に、大遊園

関ヶ原の降雪
高確率で予報
気象協会が新システム
地震予知
巨大地震予測に道も
災害予測図
ハザードマップ
「火山国」日本

地を造る計画を立て、その成功率をスタンフォード大学の数学研究室に調査依頼したという。

研究室では、種々の条件を収集し、分析検討の結果成功の可能性を報告した。実際に大成功し、予測が正しかったことが証明された。

気象庁では、五年間、五万件の火災記録から温度、湿度、風速などをコンピュータで分析し、「火災方程式」を算出し、火災予知に備えた。

新しい数学『カタストロフィ』（破局）は、突如として起こる現象についての研究分野であるが、デモ集団の騒乱、株の暴騰・暴落、戦争勃発などの社会問題も対象とし、『カオス』（混沌）では、なかなか当らない天気予報、とりわけ台風の進路など、社会生活に直接かかわる領域について予知、予測し、事前に被害を少なくすることの努力の一助となっている。

（問）新聞社が、政治や社会についての調査をするとき、調査対象をどのようにして選ぶか。

蛇足

新聞に見る予測・予報

猛暑・渇水の夏予想

先月は記録的少雨

梅雨明け早まる?

外国語として分析すると

予測可能な規則持つ

定理踏まえた教え方を

電算機で進路を解析

「経験」とすり合わせ判定

県内の主な行楽地の人出予測

今年の石油需要予測下方修正

「東京大地震」予想死者9000人

来月の気温、平年超す確率は…

「%予報」を拡大

地震・台風にも導入検討

1―3月期GDPに堅調予想

上ぶれなら金利上昇も

第5章

ナスカのふしぎ地上絵

マチュピチュの都市遺跡
（扉おもての図は、ナスカの地上絵）

一、インカ文化と謎――キプによる数表現

〝インカ〟といえば、空中都市、地上絵、チチカカ湖など、他の古代文化地にはない、ふしぎな遺跡のほか、カミソリの刃も入らないという石積みの技術、優れた建造物や灌漑工事をおこないながら、「数字」をもたない高い学力のミステリーなどなど、多くの興味をそそる場所である。

しかし、この地を探訪するには、当時ペルーに三つの不安があった。

その一つは、伝染病コレラが広がっていること。二つは日本の農業指導員が殺害されたり企業人が襲われて危険であること。そして、三つは空中都市は三千メートル余の高地で「高山病」になる不安があること、である。

一、二については、団体で行動し、宿泊は衛生設備の完備した五ツ星ホテルであるなどから、まず大丈夫ということであったが、「高山病」の方は簡単に処理できない。

身長一六〇センチ、体重七二キロの三須照利教授は、どうみても太り過ぎで、運動として剣道に励んでいるが、これは登山向きのスポーツではないので、インカ行きには〝減量〟が必要である。

彼は、半年間で一〇キロ減らす減量作戦を立て、実行に入った。

朝からジュージュー脂の出るビフテキを食べ、おやつにはヨーカン一本を握ってかじる、そんな油と砂糖こってり食生活から縁を切り、嫌いだった野菜を中心とするバランスのよい「九品目食事」へと大きく切り換えて半年、ものの見事に一〇キロ減った。

それまで階段をヨイショ、と登っていたのが、スイスイととぶ勢いで登れるようになり、一〇キロの荷物を下ろした身軽さをおぼえ、これで空中都市も軽く登れ、「高山病」の不安もなくなった、と満足したものである。

彼はこの体験と実績を人に話したくなった。太った女優やタレントが減量に成功して、それを本に出版する気持ちが、何かわかるような気がしてきた。

いつしか彼は街頭に立ち、小冊子をかざしながら、

「サァー、おたちあい！

わたしはインカの高地探訪のため減量に努力して、わずか半年で一〇キロの減量に成功した。

その食事方法は、この小冊子に書いてある。

タッタの百円、百円だ。

どうだ！　どうだ！　早いもの勝ちだよ。」

しかし、彼の一方の手にはヨーカンが握られている。

彼はしゃべり過ぎでかれたのどをなめらかにするのに、いつの間にかヨーカンを使っていたことに気が付かず、しかも、小冊子がたくさん売れたときは、ビフテキを食べながら乾杯をした。

そして、いつしか再び七〇余キロの体重にもどっていた。

「いけない!」そう思ったとき、目が覚めた。

彼は減量の半年後も、こんなビフテキとヨーカンの夢を見ていたのである。

南米のペルーの海岸寄り砂漠とボリビアのチチカカ湖に近い高原を「アンデス地帯」といい、ここに育った文化をアンデス文化(プレインカ文化)という。この地帯は紀元前二五〇〇年頃、トウモロコシ農業をはじめた。やがて、

北部にモチーカ文化ができ、ピラミッド、水道

運河を造り、工芸品を作った。

南部にナスカ文化が生まれ、色彩土器や織物に

優れた。

南部高原に、ティアワナコ文化が育ち、宗教、

石造建築、土器、青銅細工を発達させた。

海岸線に、シカン（月の神殿）文化が金銀工芸品を造る。

などが広いアンデス文化を生み育てた。

土器、色彩織物、石の彫刻、金属工芸、土木工事、神殿造り

などを洗練し、これらを向上させたのが〝インカ文化〟なのである。

インカ文化の特記できるものは、

○優れた社会制度

○大規模な石造建築や灌漑、運河、道路などの土木工事（カミソリ一枚入らないクスコの石積み技術）

○金銀細工、装身具、織物などの工芸品

○医術の進歩

インカは、ペルー中央山地のクスコ附近に住んだ小部族であったが、中央集権国家で土地の所有を認めず、集団的軍事行動と組織力に優れて、領

都市遺跡（マチュピチュ）

土を拡大していった。

〝インカ文化〟というと、マチュピチュの太陽の神殿、空中都市、インカ帝国の首都クスコ、そしてナスカの地上絵が思い浮かぶであろう。

三須照利教授は、標高三千メートル余の高地マチュピチュ（老いた峰の意味）に、ナゼ都市を築いたのか、ということに興味をもった。

いろいろ調べると、次のような説があがってきた。
一、神にまつわる宗教センター
二、アマゾン方面への進出のための基地
三、森林開発の拠点
四、コカ栽培のコントロール施設
五、首都クスコを守る城塞
六、宮殿を兼ねた荘園
七、民衆への権威誇示（三須照利案）
などが考えられる。

富士山に近い高さに整然とした

食糧、特に飲料水の不便な、また高地で空気の薄いこの地が選ばれた理由が、なんとも不可解、ミステリーである。

クスコは、一一世紀以来インカ帝国の首都でペルー南部の高原都市（高さ三四〇〇メートル）にあり、「太陽の町」と呼ばれた。クスコとは、ケチュア語で〝ヘソ〟の意味であるという。

近年、アメリカの元イリノイ大学教授ゲーリ・ベスカリウス氏が『インカ暦』を再現するのに成功した。

一年は現在の暦と同じように一二ヵ月からできているが、この一ヵ月は三週間である上、各週の長さも一定ではなく、一週間が一二日ということもあるという。彼のこの結論の根拠は、首都クスコの町にある神殿の数からで、クスコでは町の中心に〝太陽の神殿〟があり、これから三六本の道が放射上に出て、そこに三二八の神殿があるから、としている。

インカ民族はナゼか、文字も数字も

インカ暦

グレゴリオ暦	インカ暦	
一二月	ライミ	成人式
一月	カマイ	
二月	カトゥン・プクイ	
三月	パチャ・プクイ	
四月	アリワキス	
五月	カトゥン・クスキ	収穫
六月	アゥカイ・クスキ	太陽神の祭
七月	チャワ・ワルキス	
八月	ヤパキス	種まき
九月	コヤ・ライミ	病気など払う儀礼
十月	ウマ・ライミ	
一一月	アヤマルカ	

（H・ファーヴル著・小池佑二訳『インカ文明』白水社）

役人とキプ

もたなかったので記録がなく、われわれの想像によるしかないが、天文学の知識は高かったと思われる。

一年は冬至の頃、つまり一二月に開始という。

そして、

○彗星の出現は伝染病や飢餓戦争の前兆

○日食、月食は人類の凶兆

として恐れた。

天文や暦作りのための計算は、一〇進法で数字のない彼らは一種のソロバンにより、その記録は〃キプ〃という長い紐《ひも》を用いた。

紐の一重《ひとえ》の結び目は数字の一を示し、結び目の大きさに比例して、二から九までの数を表し、捩《ねじ》り方や色ちがいの工夫もされた。また、0の概念もあったといわれている。

右の絵は、キプをもつ役人であるが、彼らは国家の倉庫に出入りする品物の数をチェックし、記録した。それを示すものである。

〔問〕琉球（現沖縄県）古代の数学では、教育のあるものは算盤、教育なく文字を知らないものは結縄によった。縄による計算はどのようにしたかを考えてみよ。

二、地上絵と伝説

相似法と作図

ナスカの地上絵！　宇宙人の創作？

もし、『世界七大ミステリー』というものを作ったら、この〝ナスカの地上絵〟が真先に入ることであろう。

これは、二〇世紀初頭まで、附近のインディオも知らなかったというもので、民間の飛行機によって偶然上空から最近に発見されたものである。

南米ペルーの首都リマ南東のナスカの乾いた大地に、八百個に近い巨大な幾何学模様や動物図形が二千年以上も前に作られたという遺跡群で、これについては、地上高く舞い上がらなければ見られない点で、大きなミステリーなのである。これについては、

一、制作年代は――紀元前三世紀頃という説
二、目的は――天文カレンダー、生物進化論、灌漑設計図説、競技場説など
三、作った方法は――
四、作った人々は――
（三、四）など不明

宇宙人が作ったのだろう。

昔、気球を作って上から見たのだろう。

などおもしろい仮説がある。

三須照利教授は、作り方とこれを見る方法について、こんな仮説をもっている。

○作り方については〝相似法〟説

○見方については〝凧《たこ》〟説

がそれである。

数学の作図法の拡大・縮小の手段として『相似法』というものがある。

この作図ではパンタグラフという道具があるが、それを使用しなくても、次ページのように、一つの図の内部に一点（相似の中心）をとり、拡大の場合は拡大したい比率で、もとの図形の各点の対応点をとっていくと、簡単に拡大図ができるのである。

宇宙人などという〝超人間〟を引っぱり出すほど難しい作業ではない。

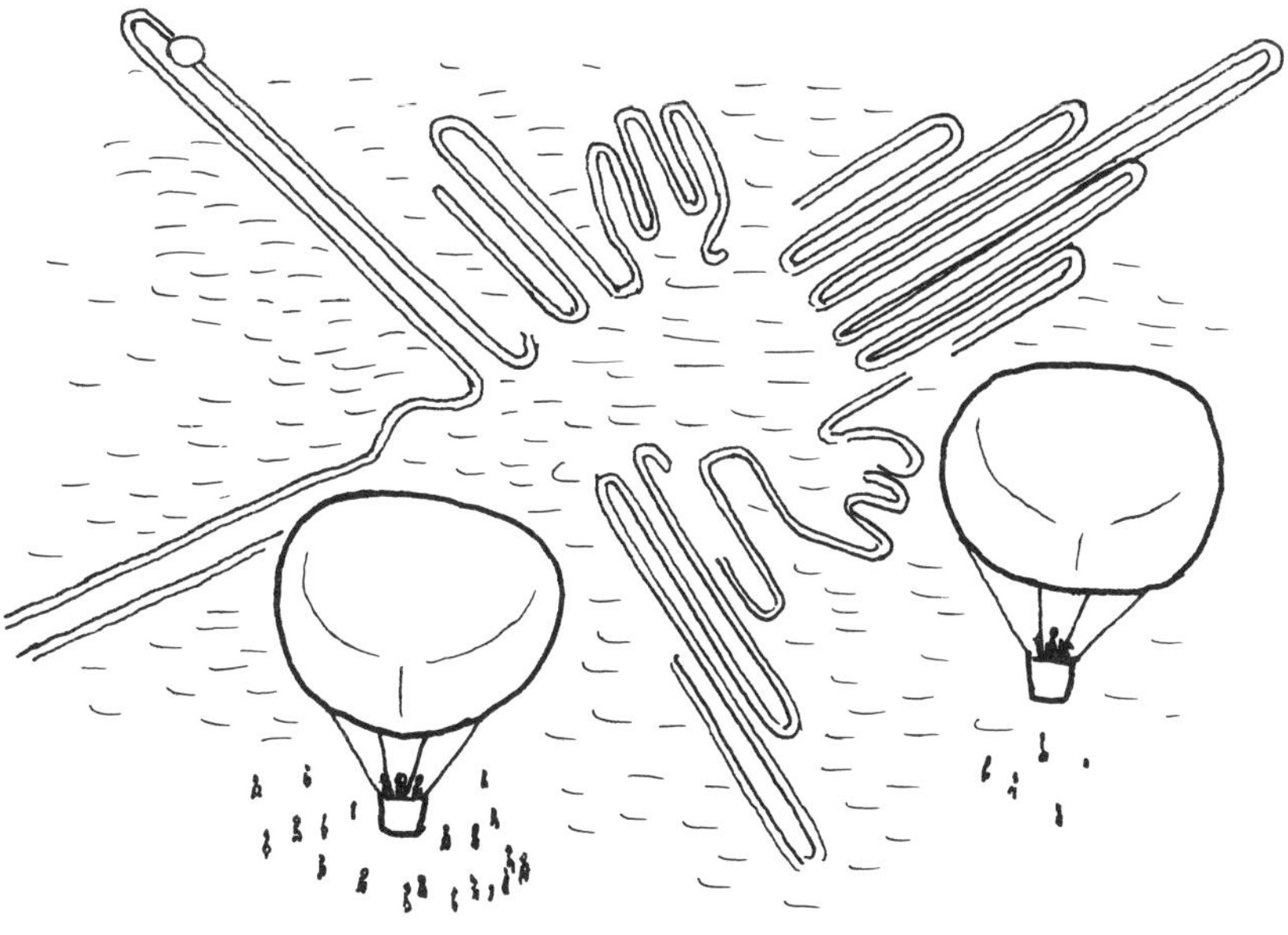

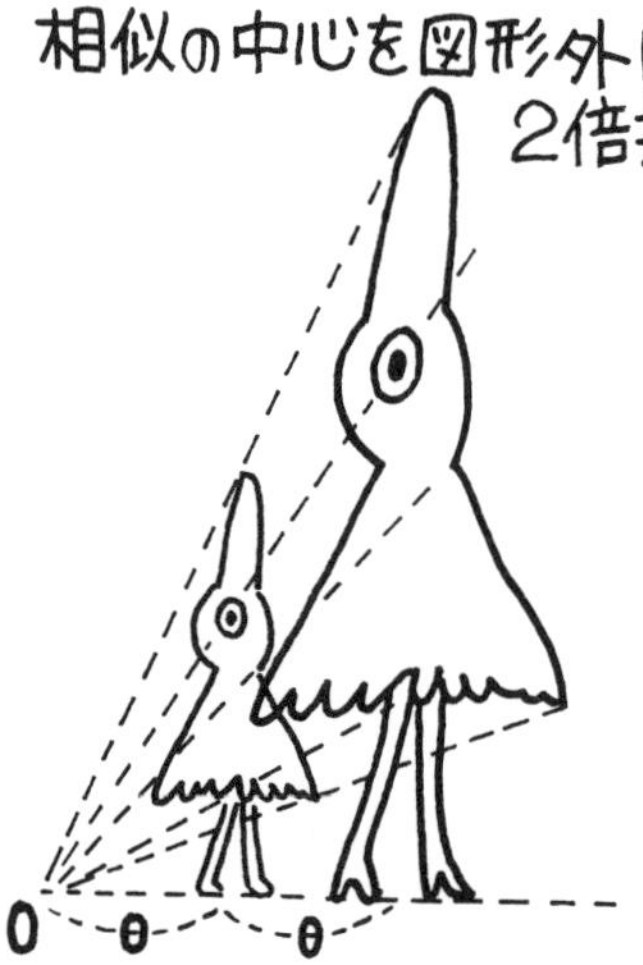

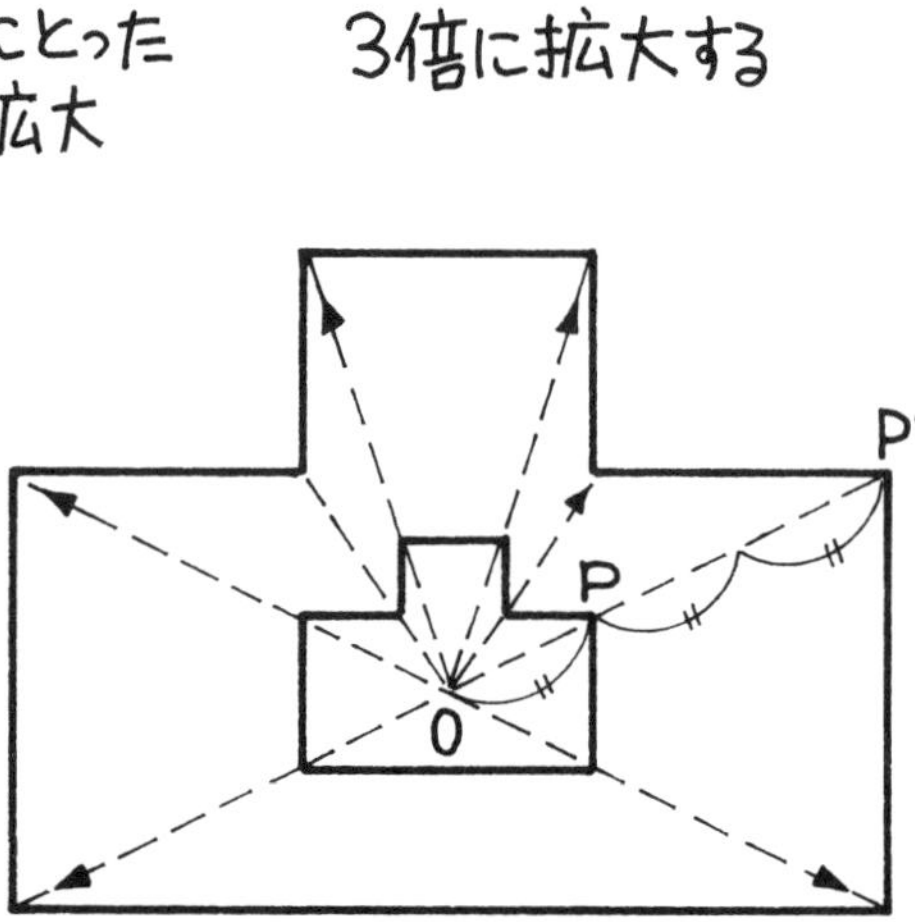

昔の各民族が、巨大な神殿やピラミッド、あるいは巨大人面石像を造ったことを考えれば、地面に巨大図形を作ろうと考えることは少しもふしぎなことではない、と考えた。

上の図は、わかりやすいように直線図形を用いたが、マンガ的な曲線図形でも、たくさんの点をとっていけば、原図に近い拡大図ができるのである。

この相似法によれば、原図の十倍、百倍であっても難なく作れることが、これで理解できたであろう。

あとで、各自作図を試み、納得していただきたい。

さて、次の謎である。

巨大神殿やピラミッドなら、誰でも見ることができる。しかし、巨大地上絵は見ることができないが、このことはどう考えるか？

二〇世紀まで知られなかったことから考えても、誰しも疑問に思うことである。

しかし、東洋ではこんなことがある。

中国では、その昔隣国との争いで敵陣の様子を偵察するとき、兵士を大きな凧にのせて敵の上空から視察し、将軍に報告した、と伝えられている。日本でも江戸時代、凧にのって名古屋城の金のシャチホコの金の鱗《うろこ》を盗んだ、ともいう。三須照利教授の教え子の中に、凧にカメラをつけた「カイト・フォトグラフィー」の写真家になっているのがいる。

インカ人は次々凧にのって絵を眺めたのであろう。

〔問〕下の図のようにおうぎ形に内接する正方形を、相似法で作図してみよ。

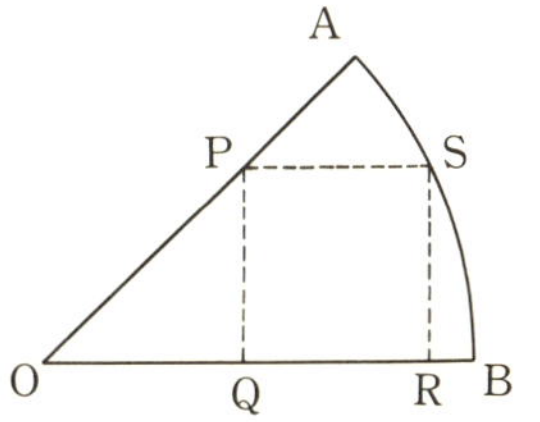

三、図形変換とその利用

図形といろいろな変換

　メソアメリカの観光地化されたアステカのテオティワカン、マヤのチチェン・イツァなどでは、遺跡の入口の会館内に大きな全景立体模型があり、一望のもとにこの遺跡の様子がわかるようになっていた。これは親切でありがたいものであったが、それを見ながら、フッと、当時の建設担当者達も、こうした模型（縮図）を作り、検討した上で建造にとりかかったのだろう、と想像した。

国立人類学博物館内の模型（アステカの神殿）

　〝相似法〟という図形変換の一つの方法は、相当古くから理論はともかく、技術的にはずいぶん発達していたにちがいない、と三須照利教授は考えたのである。

　粘土細工の体験から考えても、正四角錐を四面正しく作り、頂点で合わせるのは容易ではない。

　さて、図形変換には、後述するようにいろいろあるが、その

5機の飛行機が作る文字

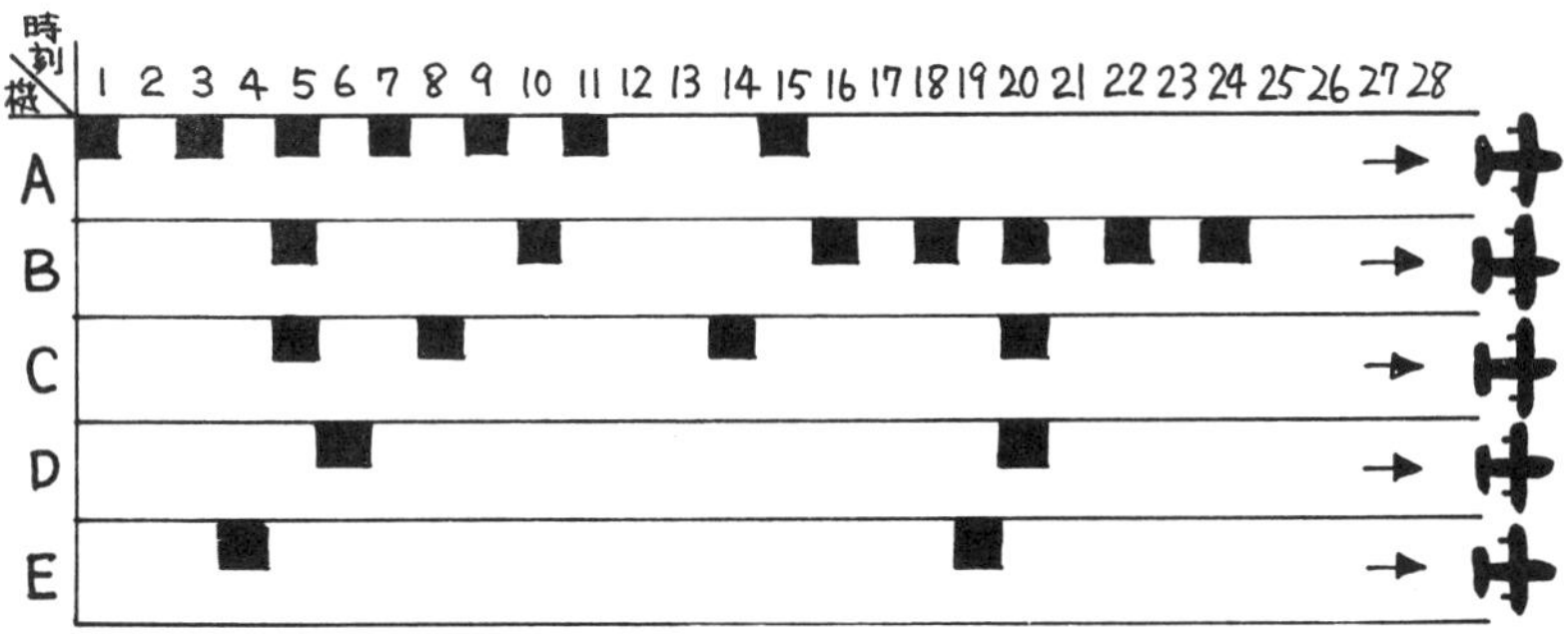

基本は図形を〝点の集合〟と見、各点を同一条件で移動することである。

基本例を二つ示すことにしよう。

上の図は、ある年の一月三日、よく晴れた東京の上空に五機の飛行機が空に描いた〝アケマシテオメデトウ〟の文字の初めの部分である。

正月早々、何事かと思って庭に出た三須照利教授は真青な空に次々白煙を噴射し、文字が現れ、急いでカメラに収めたが、まもなく流れて消え去った。彼はどうしたら、空に文字が描けるのか考えてみた。たぶん、飛行機の担当者には同一のパンチカードのようなものが与えられていて、「何時何分何秒に、どの機が何秒間白煙を噴射する」ということが決められて、別に相互の連絡をしなくてもうまくいくようになっていたであろう。

これは電光掲示板の電光ニュースと同じと考えた。

さらに、以前、足利市の織物工場で使用しているパンチカードによるコンピュータ織物の見学を思い出した。

道路表示の記号はアフィン変換
（ただし写真の絵は射影変換）

コンピュータ（パンチカード）
による織物工場

このパンチカードは紋紙《もんし》といい、絵師の原画をもとに模様を方眼紙にうつし、柄《がら》を作る穴をあける。これで横糸が着物の模様を作る。ふつう一つの着物で約三千枚のパンチカードが必要だという。

目を街に転じてみよう。

自動車道路には上のような注意記号や徐行、歩行者注意、とまれなどの文字が、長方形状に引き伸ばした形で描いてある。このような変形を「アフィン変換」という。

アフィン変換は一般的には正方形を平行四辺形状に変えるもので、窓から入った太陽の光が床に写ったものである。

〔問〕上のような写真に撮ると、「射影変換」という変換になる。これは本物をどのように変える変換といえるか。

四、空中絵の作製工夫

原図とその像

〝地上絵があるなら空中絵があってもいいだろう。これを使えばオモシロイ広告もできるじゃあないか。〟

例のユニークなアイディアが三須照利教授の頭に浮かんだ。

彼は先の大戦末期の昭和二〇年初め、学徒動員で消防署に勤務していたが、当時毎日、毎晩米軍機B29の編隊が東京上空を飛んでいた。真夜中の望楼（火の見やぐら）勤務中、〝敵機来襲〟となると数カ所の陸軍基地から夜空に「探照燈」（サーチライト）の光が何条も敵機を探し求め、光の棒が夜空を明るくしていたのを興味深く見た記憶がある。

ときにその光の先の中に、大きなB29の姿が明るく映し出されることもあった。

〝空中絵〟、青年三須照利君の目にその絵が焼きついたのである。

そして四十余年後、彼は今度は逆に飛行機から下を眺めて地上絵を見たのである。地上絵と空中絵、この対照性が彼に興味を抱かせた。

〝空中絵〟の一例は、前述の飛行機による白煙で作ることができる。

OHPを使った図の投影

（『新しい学校数学』教育企画出版）

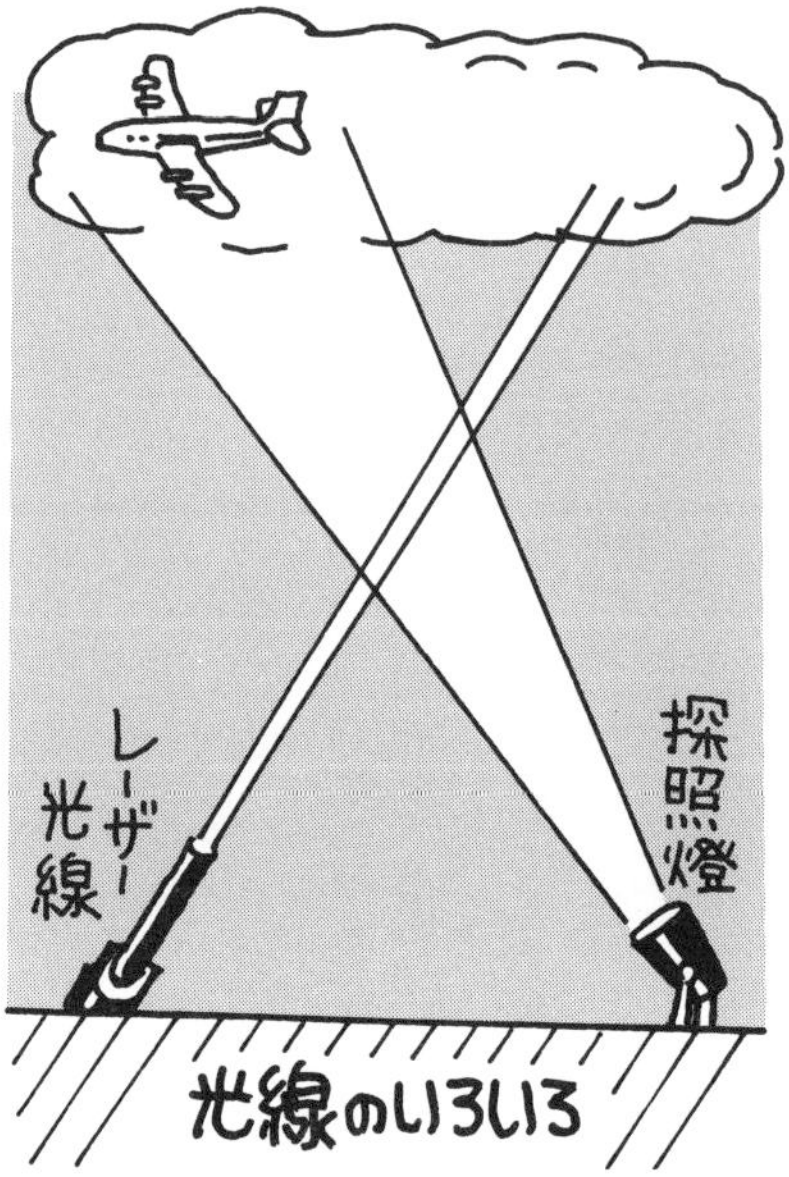

二例目は最近多く用いられる色とりどりのレーザー光線が作る絵で、これはビルの壁面などに映すことが実現されている。空一面に雲が広がっているとき、それを利用したら絵が映し出されるであろう。（しかし、これは当局が許可しないかもしれない。各企業がＰＲに使ったら、夜空がうるさくなるので――。）

会社や学校での教育に用いるオーバー・ヘッド・プロジェクター略称ＯＨＰは、探照燈から発したアイディア製品といってよいであろう。

このとき絵を天井に映すと、まさに〝空中絵〟となる。

クスコの地上絵から始まって、絵の描き方、映し方について考えてみたので、この辺で統一的にまとめてみることにしよう。

一つの原図の変換の基本に五種類あり、上

図形の変換

光線＼位置	平行光線による投影	点光源による投影
原図と像 平行	［**合同変換**］印と押印の図 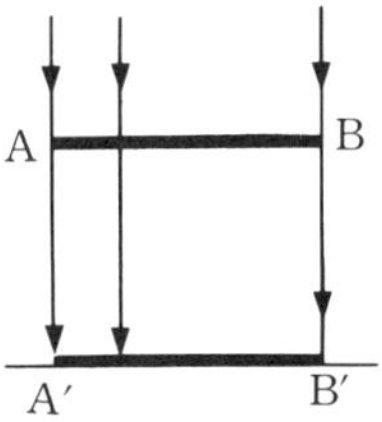	［**相似変換**］模型 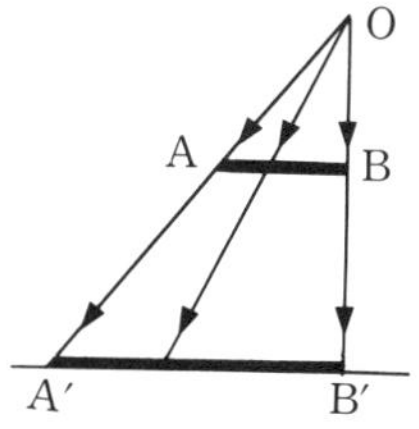
原図と像 平行でない	［**アフィン変換**］道路表示 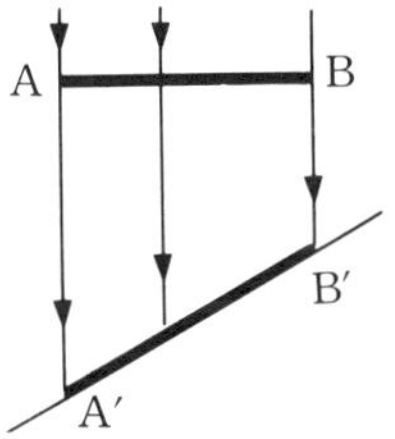	［**射影変換**］実物と写真 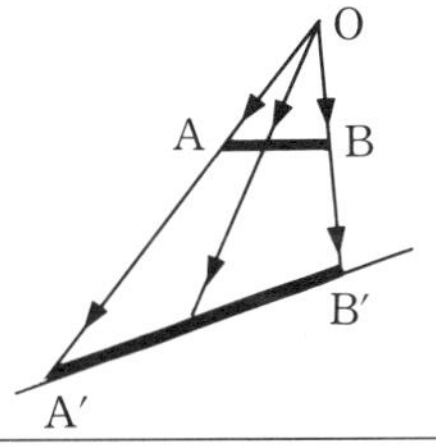

に示すのはその中の四種類の相互関係である。

原図を、どのような光線で当て、どのような面に投影するか、によって相異ができ、また利用場面が変ってくるのである。

〔問〕残る一つに「トポロジー変換」というものがある。天気予報の日本地図や鉄道の料金表、観光地案内図のような一見不正確な変換である。

このとき光線と投影する面は、どのようなものか。

〔参考〕現代数学では、ユークリッド幾何学以来にできたたくさんの幾何学を、〝変換〟の考えで統一している

五、〃コンドルは飛んでゆく〃

□瞰図という図

インカ民族、ペルーの音楽、といえば誰しもあの悲しげな葦笛《あしぶえ》の名曲

〃コンドルは飛んでゆく〃

を思い浮かべることであろう。

コンドルは南アメリカに分布し、全長一メートルもある飛ぶ鳥の中で世界最大で、体は灰黒色、くびに白い輪があり、頭部はハゲている特徴をもち、動物の死体を主食とする。アメリカ西部劇などでは、人間の死体にむらがるハゲワシがよく登場するが、これは同類である。

三須照利教授は、旅行荷物は極力少なくし、インド、イラク探訪と同じリュックで日本をたったが、余分なものを一つこの中に入れていた。

それは〃尺八〃（二つ折り）である。

彼は、ペルーの地では、ぜひインカ末裔《まつえい》の現地の人の葦笛（ケ

尺八楽譜の一部

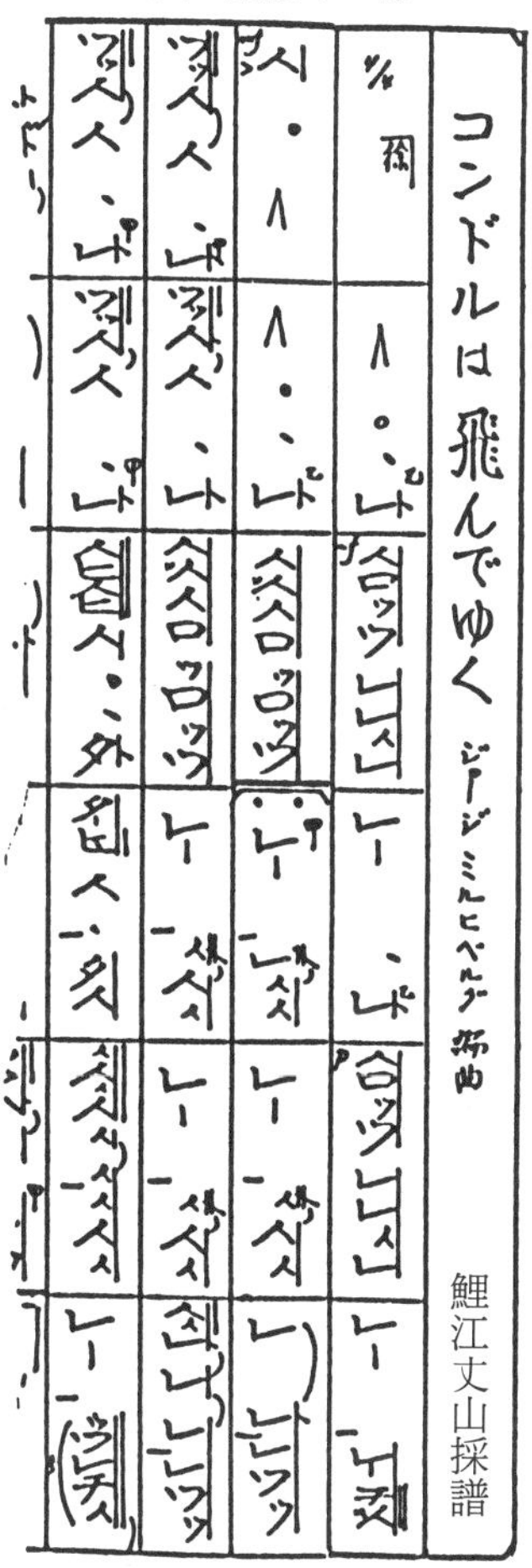

（鯉江丈山氏は彼の師）

イナ）と、自分の竹笛（尺八）とで、名曲〝コンドルは飛んでゆく〟を共演してみたい、と考えていたからである。

さて、この曲の哀愁は、どこから来たものであろうか。どうしても民族の滅亡と結びついて考えたくなるのである。そのインカ文化、インカ民族の滅亡はナゼあったのであろうか。平和で生活の豊かな〝黄金の国〟エルドラドは、わずか一八〇人の部下を率いたスペイン人フランシスコ・ピサロによって亡ぼされたが、マヤ、アステカ同様、インカの人々も古い伝説「ビラコチャ――白い人で髭のはえた人――が西から帰って来る」に大きく影響された。

一五三二年、フランシスコ・ピサロはペルーに上陸した。

当時のインカは二人の王が相争い、帝国内が二分され内乱状態にあったが、ようやくアタワルパ王が統一に成功したときであった。

「ビラコチャの再来」と信じられたピサロは王に面会することが許されたが、奸計《かんけい》を用いて王を捕虜とし、突如大砲、鉄砲によって数万の王の親衛隊を蹴散らした。鉄器をもたず、戦争らしい戦争を経験したことのないインカの兵隊は、砲火の威力に腰を抜かして驚き、戦意を失ってしまったのである。

そのあと王を幽閉し、その部屋一杯の金製品を王との交換として要求をした。しかしこれを入手すると約束をホゴにするなど純朴なインカ人を騙し続けて、ついに彼らはこの地を統治してしまった。その後、獲得した多くの金、銀製品は、とかして金、銀塊とし、建造物は跡かたもなく破壊し、キリスト教を押しつけて、インカ文化をこの世から抹殺してしまったのである。

この一部始終を、コンドルは上空から眺めていたであろう。

話は一転するが、鳥が上空から地面を見下ろしたような図を『鳥瞰図』という。

マヤ、アステカ、インカなどの遺跡群を、神殿、ピラミッドなど一つ一つ見るのも価値はあるが、その全体を一望にするには、模型を見るような鳥瞰図が有効である。本書にある模型の写真や、高い位置から撮った写真などは鳥瞰図といえる。

世の中には、上・中・下、天・地・人、前世・現世・後世など三区分することが多い。

いま、空からの図を鳥瞰図というとき、地面上で見た図は『虫瞰図』という。空間に対する平面の世界である。こうなると、空・地・海の三区分から海中の図というものが考えられてよいと思っていたが近年『鯨瞰図』というものが発表された。

当初、魚瞰図としたかったが、魚眼レンズなどと混同されかねないので、鯨にしたと命名者の解説があった。

〔問〕鯨瞰図とは、どのような図で、何に役立つのであろうか。

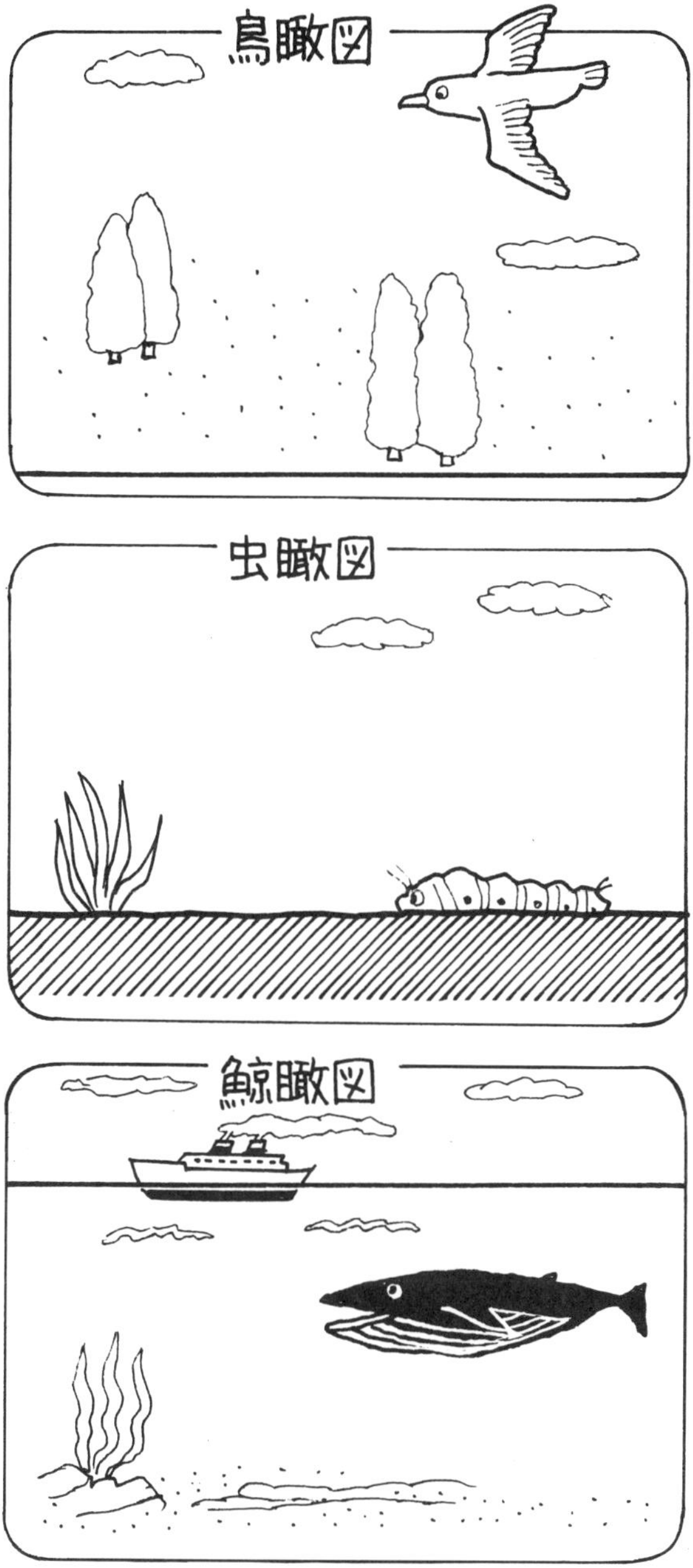

蛇足

コンドルは往復する

三須照利教授は、マチュピチュの空中都市を見学するために、高原電車に乗ることにした。

始発駅でフッと見ると駅の屋根の上に一羽のコンドルが止まっていた。

そこで彼はこんな数学問題を考えた。

〝始発駅と終着駅との距離は二〇〇キロで、上り電車は時速三〇キロ、一方下り電車は七〇キロで走る。いま、始発駅の屋根に止まっていたコンドルが上下線電車の同時出発と一緒に飛び立ち、線路にそって飛んでいく。コンドルは同じ時刻に終着駅を出た電車と出合うと反転して線路にそって下っていき、上り電車に出合うと、また反転する。

コンドルは上下線の電車がスレちがうまでこの往復をくり返すとき、何キロ飛ぶことになるか。（コンドルの時速は一二〇キロとする。）（解答は巻末）

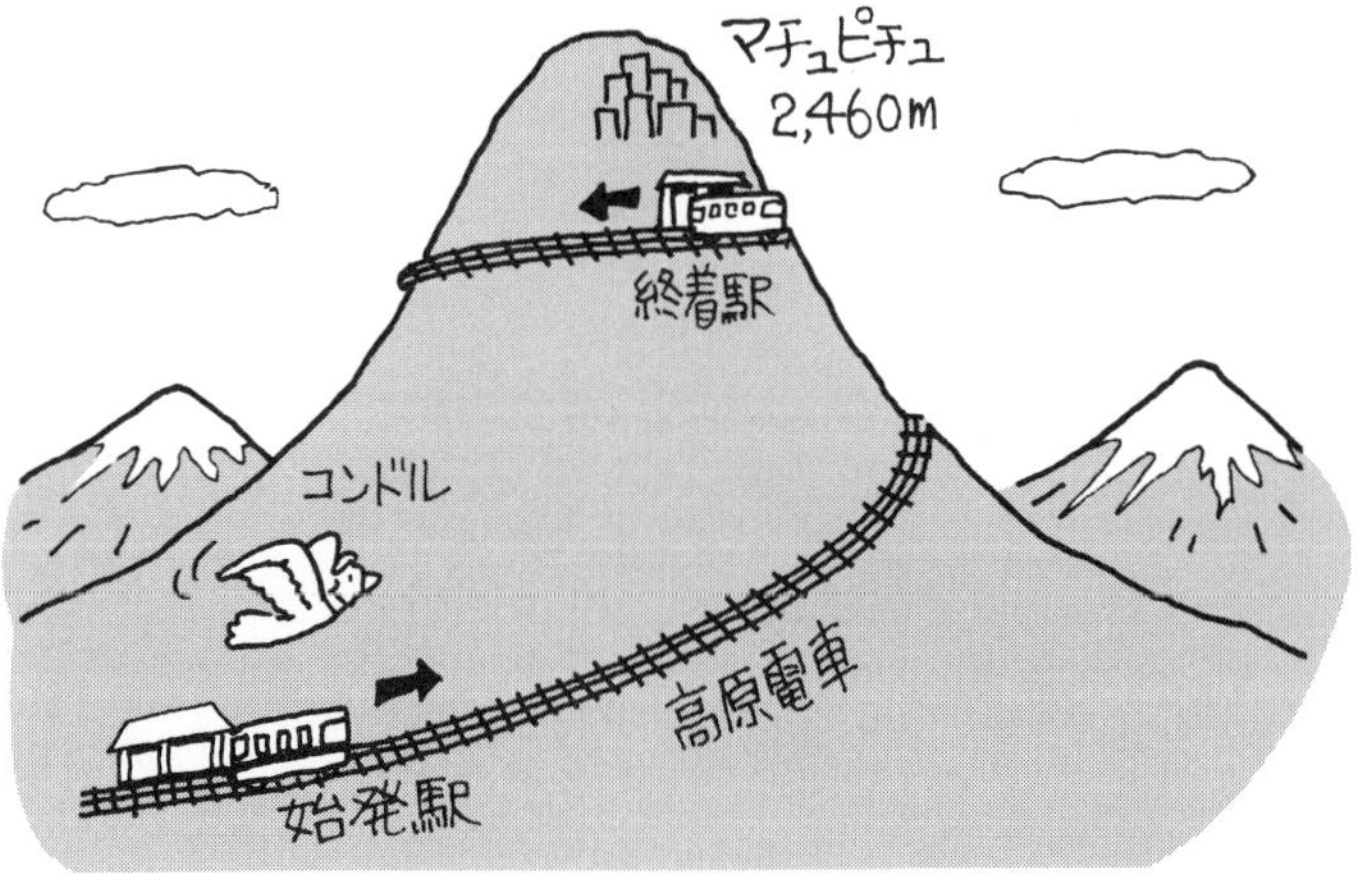

著者紹介

仲田紀夫

1925年東京に生まれる。

東京高等師範学校数学科，東京教育大学教育学科卒業。(いずれも現在筑波大学)

(元) 東京大学教育学部附属中学・高校教諭，東京大学・筑波大学・電気通信大学各講師。

(前) 埼玉大学教育学部教授，埼玉大学附属中学校校長。

(現)『社会数学』学者，数学旅行作家として活躍。「日本数学教育学会」名誉会員。

「日本数学教育学会」会誌 (11年間)，学研「会報」，JTB 広報誌などに旅行記を連載。

NHK 教育テレビ「中学生の数学」(25年間)，NHK 総合テレビ「どんなモンダイQてれび」(1年半)，「ひるのプレゼント」(1週間)，文化放送ラジオ「数学ジョッキー」(半年間)，NHK『ラジオ談話室』(5日間)，『ラジオ深夜便』「こころの時代」(2回) などに出演。1988年中国・北京で講演，2005年ギリシア・アテネの私立中学校で授業する。2007年テレビ「BS ジャパン」『藤原紀香，インドへ』で共演。

主な著書：『おもしろい確率』(日本実業出版社)，『人間社会と数学』Ⅰ・Ⅱ (法政大学出版局)，正・続『数学物語』(NHK 出版)，『数学トリック』『無限の不思議』『マンガおはなし数学史』『算数パズル「出しっこ問題」』(講談社)，『ひらめきパズル』上・下『数学ロマン紀行』1～3 (日科技連)，『数学のドレミファ』1～10『世界数学遺産ミステリー』1～5『パズルで学ぶ21世紀の常識数学』1～3『授業で教えて欲しかった数学』1～5『若い先生に伝える仲田紀夫の算数・数学授業術』『クルーズで数学しよう』『道志洋博士のおもしろ数学再挑戦』1～4 (黎明書房)，『数学ルーツ探訪シリーズ』全8巻 (東宛社)，『頭がやわらかくなる数学歳時記』『読むだけで頭がよくなる数のパズル』(三笠書房) 他。
上記の内，40冊余が韓国，中国，台湾，香港，タイ，フランスなどで翻訳。

趣味は剣道 (7段)，弓道 (2段)，草月流華道 (1級師範)，尺八道 (都山流・明暗流)，墨絵。

マヤ・アステカ・インカ文化数学《ぶんかすうがく》ミステリー

2007年7月7日　初版発行
2009年3月31日　2刷発行

著　者　仲《なか》田《だ》紀《のり》夫《お》
発行者　武馬久仁裕
印　刷　株式会社太洋社
製　本　株式会社太洋社

発行所　株式会社 黎《れい》明《めい》書《しよ》房《ぼう》

〒460-0002 名古屋市中区丸の内3-6-27 EBS ビル ☎052-962-3045
FAX052-951-9065 振替・00880-1-59001
〒101-0051 東京連絡所・千代田区神田神保町1-32-2
南部ビル302号 ☎03-3268-3470

落丁本・乱丁本はお取替します。　ISBN978-4-654-00941-1

資　料

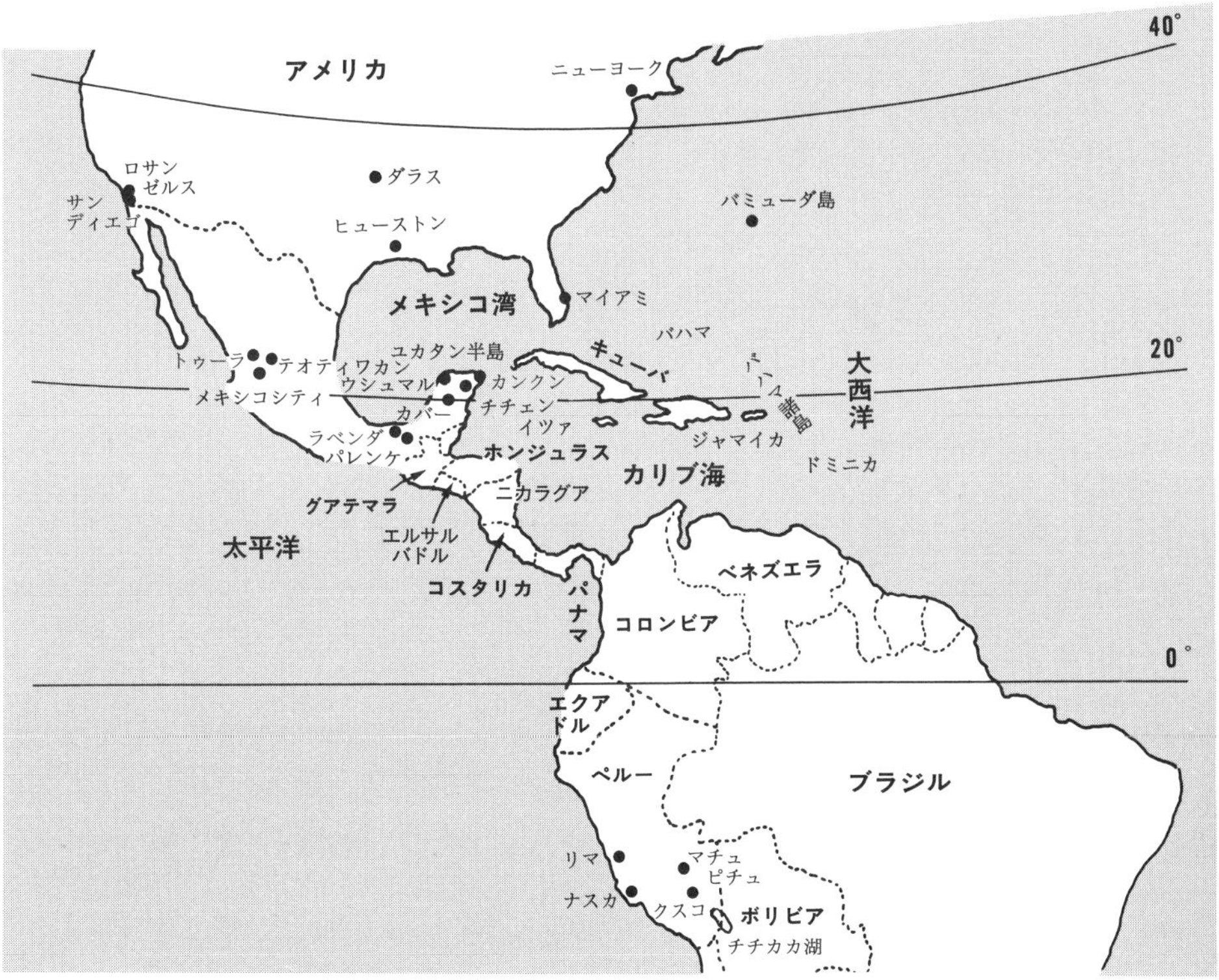

主要都市の繁栄時期

ラベンダ	(紀元前 8 ～ 6 世紀)
テオティワカン	(紀元前 2 ～紀元 6 世紀)
パレンケ	(3 ～10 世紀) マヤの中心地
チチェン・イツァ	(6 ～13 世紀)　〃
トゥーラ	(10～12 世紀) トルテカの首都
ウシュマル	(11 世紀前後) マヤ

資　　料

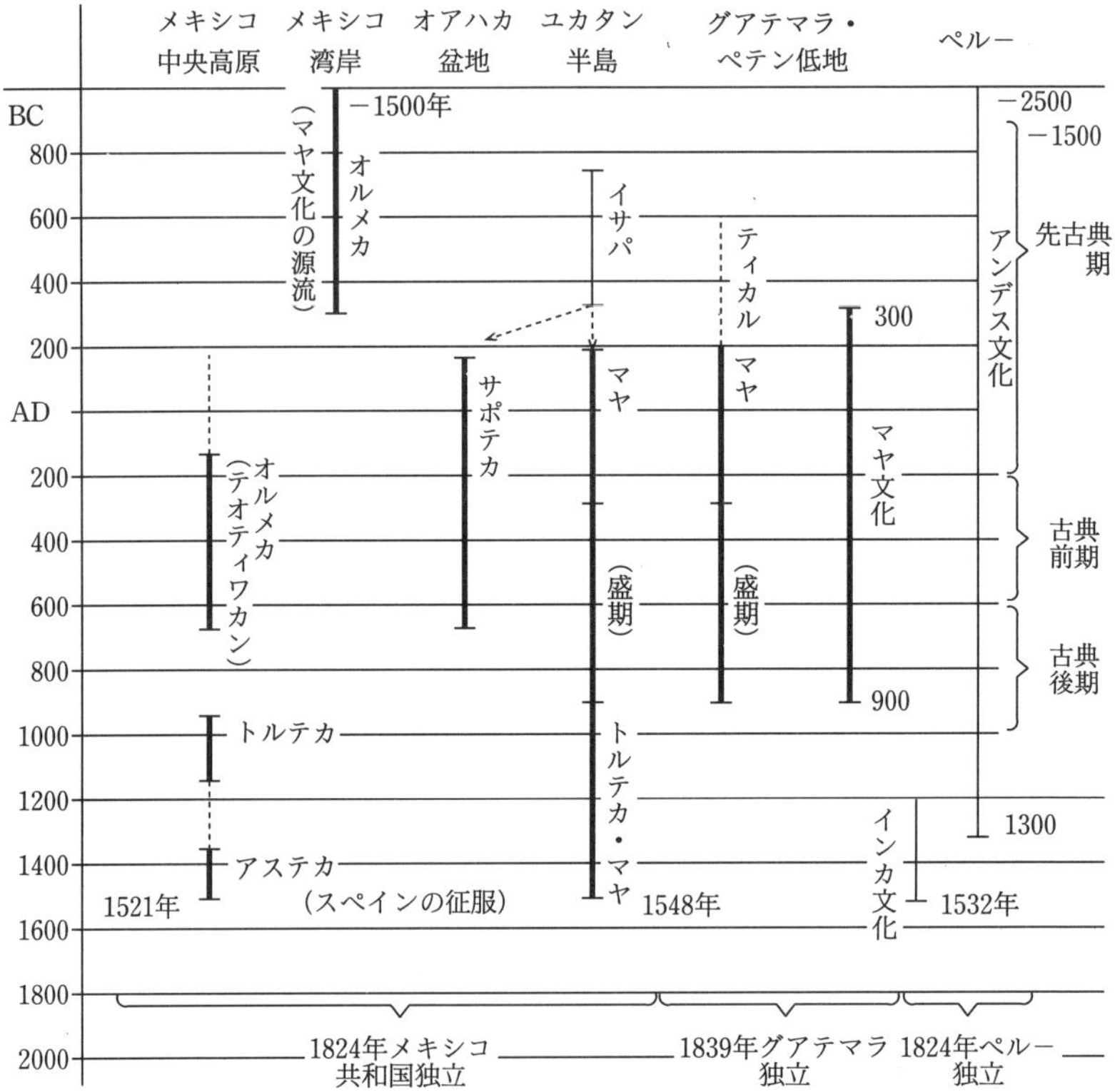

ここは，メソポタミア，エジプトなどと異なり，中南米の文化はごく最近まで存在したので，「生ける古代文化」と呼ばれた。

資　料

[地名の語源]

1．メソアメリカ	中米中心部のこと。センターアメリカともよぶ。〝メソ〟とは間，真中の意味 (参考)メソポタミア，メゾソプラノ
2．メキシコ	アステカ人は，自分たちを〝メシカ〟(メシトリ神を崇める人の意)と称したが，このメシカから来た語
3．マヤ	Ma-Ay-Haつまり「水のない土地」
4．アステカ	伝承上の起源地「アストランの人」の意味
5．テオティワカン	アステカの言葉で「人間が神に変る場所」「神々の都」
6．チチェン・イツァ	「井戸のほとり」の「水の魔術師」
7．ユカタン(半島)	「里芋の畑」
8．カンクン	「蛇の巣(家)」
9．カンペチュ	「ダニ(シラミ)の場所」
10．メリダ	「白い都」

〔問〕の解答

第1章　太陽の儀式

一、〝生贄〟からの脱出

(20ページ) 三須照利教授の「最後の一言」が正しいか，誤りかで結果を考える。

〝正しい〟とすると，マスイによる手術になり，彼の「直接切開される」という一言と矛盾する。

〝誤り〟とすると，直接手術になり，彼の一言と一致して彼の言葉は正しいことになり，やはり矛盾する。

つまり，「彼の最後の一言」を〝正しい〟とも〝誤り〟とも判断できないので，儀式を進行させられない。そこで神官は儀式(彼の心臓を用いる)をあきらめて釈放したのである。

二、チチェン・イツァの遺跡

(26ページ) 数三六五は次のように，キレイな式に分解ができる。

(1)　$365=10^2+11^2+12^2$　　(2)　$365=13^2+14^2$

(3)　$365=71+72+73+74+75$　　(4)　$365=(121+122+123)-1$

(5)　$365=(1+2+3+\cdots\cdots+10+J+Q+K)\times 4+1$ (ジョーカー) (トランプ)

(6)　$365=2^2+4^2+6^2+8^2+10^2+12^2+1$

(29ページ) 0.0002日は，60秒×60×24×0.0002＝17.28秒

〔参考〕月齢の周期　29.53059日　　(マヤ) 29.53086日

金星運行周期　584.00日　　(マヤ)　583.92日

三、心臓型とその式

(37 ページ)

(1) サイクロイド

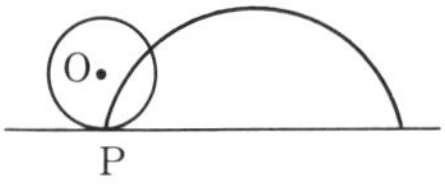

(2) 内サイクロイド

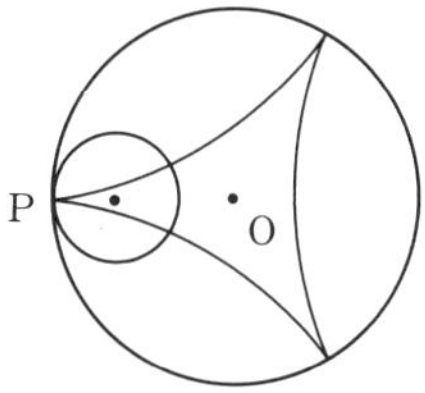

(3) 内サイクロイド

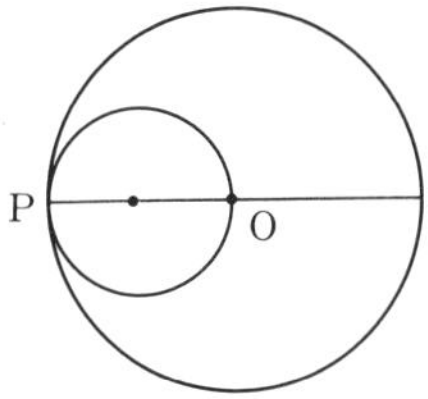

四、数学界でのイケニエ

(44 ページ) 数学界の異端児「ミステリアス集団」0，1，π，i，e について

0　正の数と負の数の重心(ヘソ)。何と加えても加える数に影響しない。何と掛けても 0。すべての数の倍数。など。

1　自然数の最初の数。何と掛けてもその数を変えない。素数でも合成数でもない。すべての数の約数。など。

π　学校で学ぶ数の中の最初の非循環無限小数，超越数。桁数競争のことで有名な数。コンピュータで 10 億 7 千万桁求められている。

i　5 世紀頃存在を知られながら無視され，16 世紀イタリアで方程式解法上数として認められたが，実在数とされたのは 19 世紀のガウスによる複素平面（ガウス平面）による。$\sqrt{-1}$，虚数単位。

e　自然対数の底であって，値は 2.7182818284……。これも超越数。

$$e=\lim_{n\to\infty}\left(1+\frac{1}{n}\right)^n$$

五、工芸品の幾何文様

（50 ページ）基本の単位図形を次の方法でくり返し移動する。

対称移動，平行移動，回転移動，これらの組み合わせ，その他。

第 2 章　〝暦の民〟と数学

一、マヤ文化の暦

（61 ページ）王の即位の印。歯痛のはち巻きでなく王冠。

二、20 進法と 0

（65 ページ）〔問一〕マヤ数で表すには，20 で割っていく。

(1)　20) 21 …1
　　　　1

(2)　20) 54 …14
　　　　2

(3)　20) 130 …10
　　　　6

(4)　20) 365 … 5
　　　　18

(5)　20) 703 … 3
　　　) 39 …15
　　　　1

(6)　20) 1992 …12
　　20) 99 …19
　　　　4

（66 ページ）〔問二〕 2 種類のものを 5 個とり出して組を作るので，

$2^5=32$　　32 通り作れる。

三、灌漑測量と建造術

（72 ページ）

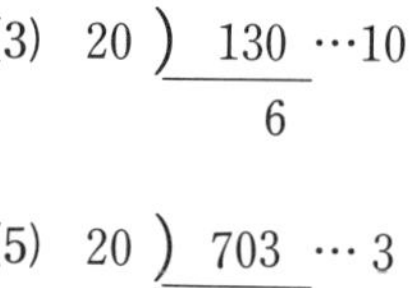

$\alpha=45°$

［参考］

$1:\sqrt{2}$

$=0.7:1$

正方形

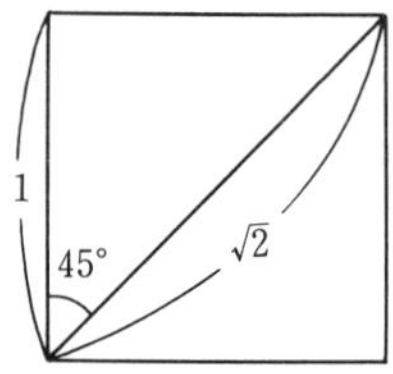

四、日食とその予測

(76ページ)円の中心OとO′とを結び，これを直径とする円と，Oを中心とし2つの円の半径の差を半径とする円との交点をHとする。OHの延長と円周との交点をAとし，AからHO′の平行線を引き，円O′との交点をBとすると，ABは共通外接線となる。

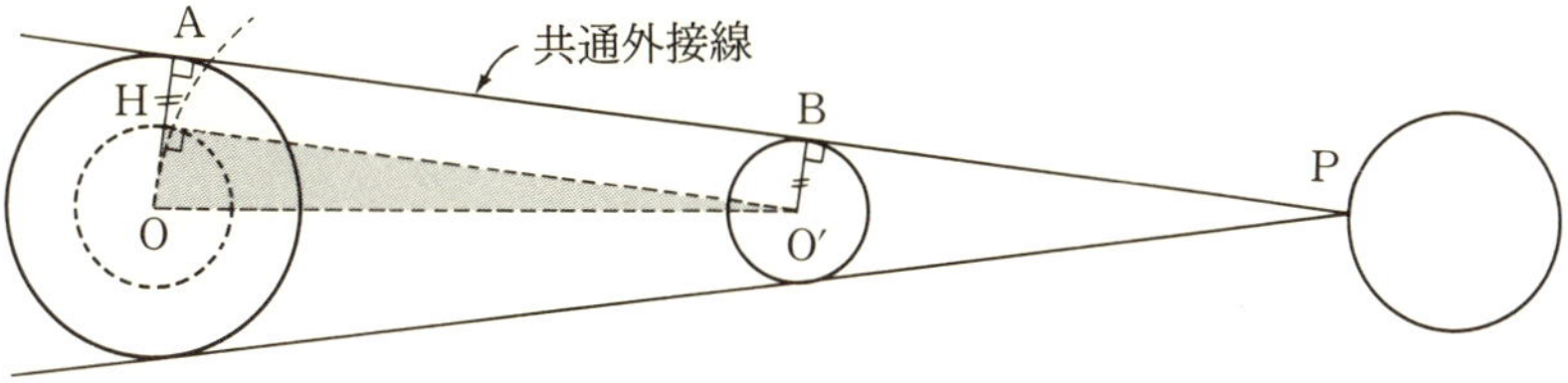

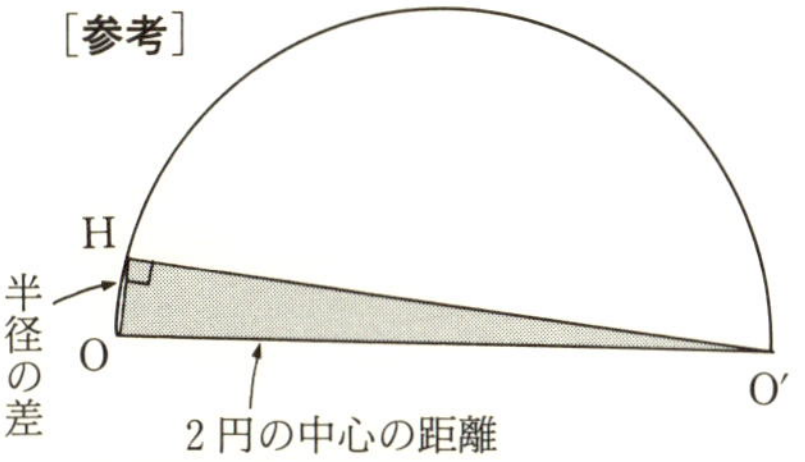

五、球戯場のミステリー

(79ページ) 前の音の1/4減とは，音量が3/4になることで，各回を計算すると，右の表のようになる。

(80ページ) $0.8^5 \fallingdotseq 0.33$

初めの約$\frac{1}{3}$ 。

回	ホーン(デシベル)
1	80
2	60
3	45
4	33.75
5	25.3125
6	18.984375 (約19)
7	14.25
8	10.6875
9	8.015625 (約8)

9回目は約8ホーン。

第3章　ピラミッドと「謎の放棄」

一、太陽と月のピラミッド

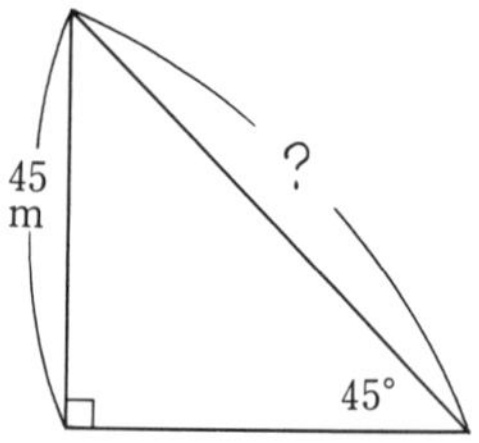

（89 ページ）途中，3カ所，平面のところがあるが，数学上では無視しよう。断面は図のようになり，直角二等辺三角形であることから，

$45\text{m} \times \sqrt{2} \fallingdotseq 63\text{m}$

二、7層の入子ピラミッド

（93 ページ）1升～8升の合計が36升で，この代金が43.2匁なので，

$43.2 \div 36 = 1.2$

1升なべは銀1匁2分となる。これは現代では，1200円。

三、魔法使いのピラミッド

（97 ページ）

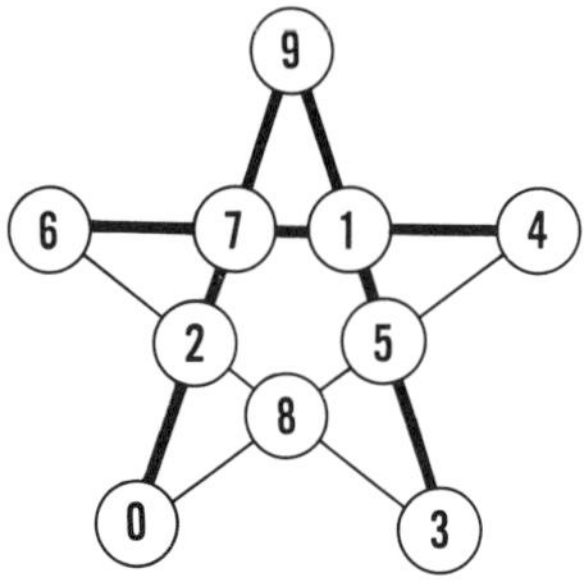

各太線の4つの
数字の和は18

［参考］

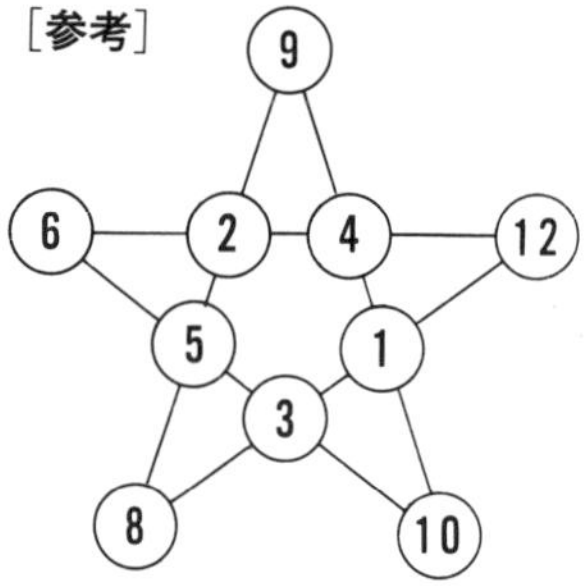

各直線の4つの
数字の和は24
1～12（7と11を除く）

四、絵文字と巨大石像の訴え

（109 ページ）ライデン・プレート　1,253,912日＝3435.375342年

三須照利教授　1,864,194日＝5107.380821年

それぞれ，3114 年（紀元前の年数）を引くと，ライデン・プレートは約 321 年，三須照利教授は約 1993 年。
三須照利教授の分は，マヤの長期計算暦と 2 年のズレがあった。

五、民族と居住地放棄

（114 ページ）マヤ人の好きな数，嫌いな数

好き　4，9，13　――世界を 4 つの方向に色分けした。天空に 13 層，地下に 9 層の世界があるとし，天体の運行をそれに当てた。

嫌い　2，3，5，10――これらの数は人間に悪意があると考えた。

第 4 章　アステカに伝わる不吉な予言

一、アステカの文化と数学

（121 ページ）見取図，鳥瞰図のような全体的様子。一方，部分的に正確な平面図・立面図・側面図（つまり投影図），断面図などがある。

二、予言の的中と信仰

（125 ページ）「当るも八卦，当らぬも八卦」という言葉があるが，確率が 1/2 くらいでは予言者とはいえない。野球でいえば，3 割打者が胸を張れるが，占いでは 7 割以上の的中率が必要。しかし，実際には予言の解釈を広くしたり，予言後事情が変ったなどの言い訳をしたりで，はずれていないような説明でフォローすることが多い。

三、「偶然の一致」の確率

（130 ページ）Aが，Bの知人千人と共通の知人をもたない確率は，

AとBが共通の知人をもたない確率が 0.99 なので，

$0.99^{1000}=0.000043$

これより知人関係の確率は，これの余事象から，

$1-0.000043=0.999957$　　　99.9957％

ほとんど確実にあり得る。

四、数学上での予想

（136 ページ）自分で定理を発見する。下はその例。

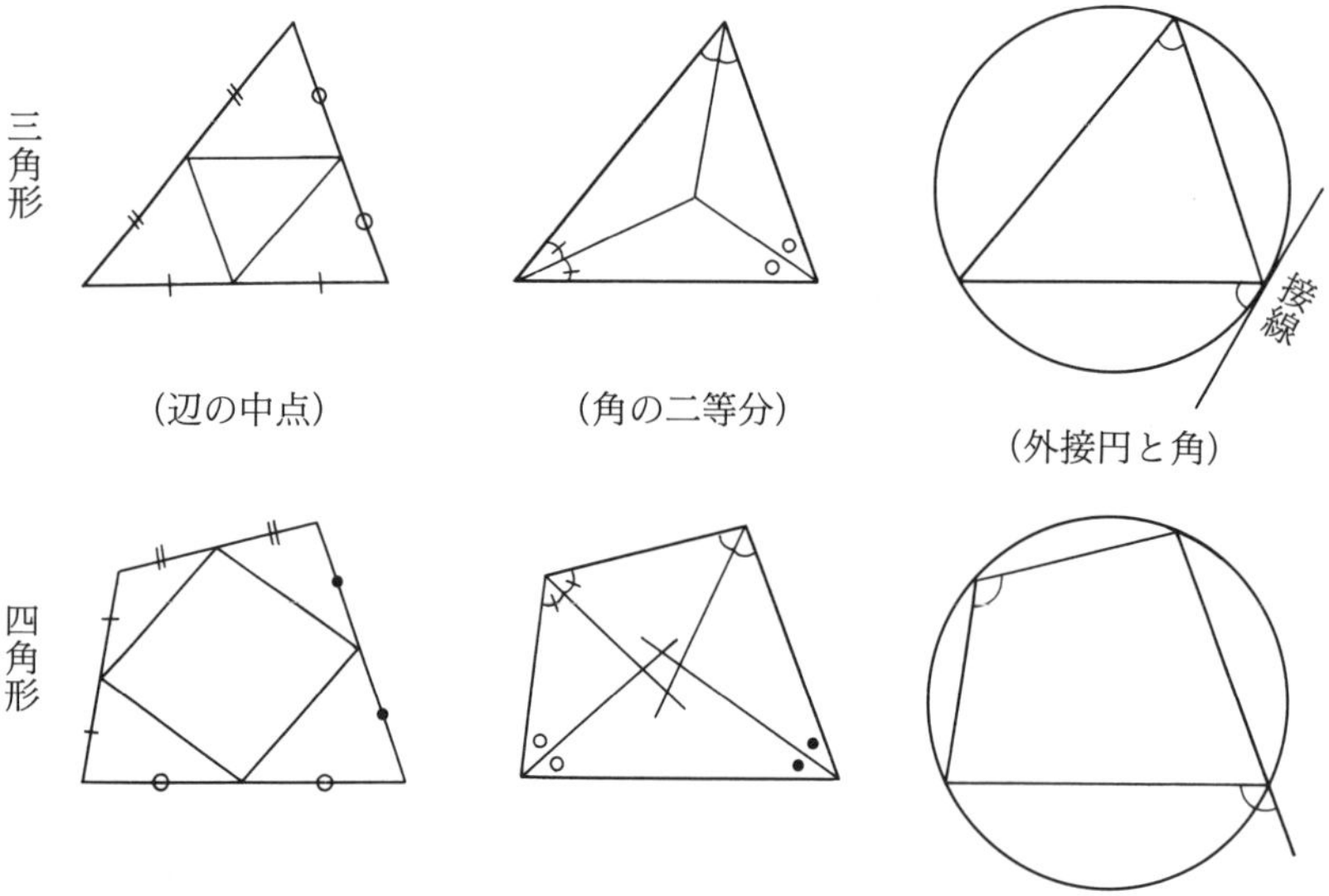

五、『推測学』というもの

(141 ページ) 右は朝日新聞社が平成 3 年 9 月 23 日アンケートの結果報告の際，つけ加えた調査方法である。

全国約九千百万人の有権者から三千人の対象者を選び、十五、十六の両日、学生調査員が個別に面接調査した。対象者の選び方は、層化無作為二段抽出法で、全国の投票区をまず、都道府県、都市規模、産業別就業率などによって三百四十九層に分け、各層から一投票区を無作為に抽出して調査地点とした。さらに、調査地点となった投票区の選挙人名簿から平均九

調査方法

人の回答者を選んだ。有効回答者数は二千二百四十八人。有効回答率七五%。回答者の内訳は男性四六%、女性五四%。二十代前半七%、二十代後半七%、三十代前半七%、三十代後半一〇%、四十代二四%、五十代二一%、六十歳以上二四%。

この調査は、内閣・政党支持率調査（十八日付朝刊既報）、ソ連問題調査（十九日付朝刊既報）と同時に行った。

右のような「層化無作為二段抽出法」で対象者を抽出する。

この方法は有権者をまず層別に分け，この各層から無作為に選ぶので方法が〝二段〟となる。

第 5 章　ナスカのふしぎ地上絵

一、インカ文化と謎

(151 ページ) 結び目の数，紐の長短や太さ細さ，紐の本数，あるいはより方や結び方など，いろいろな方法がある。

(例 1)

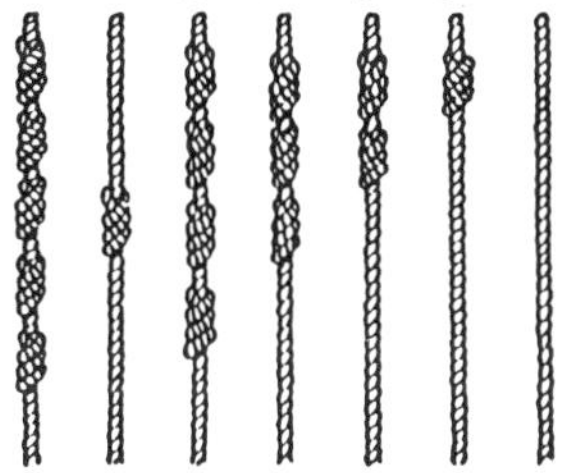

(例 2)

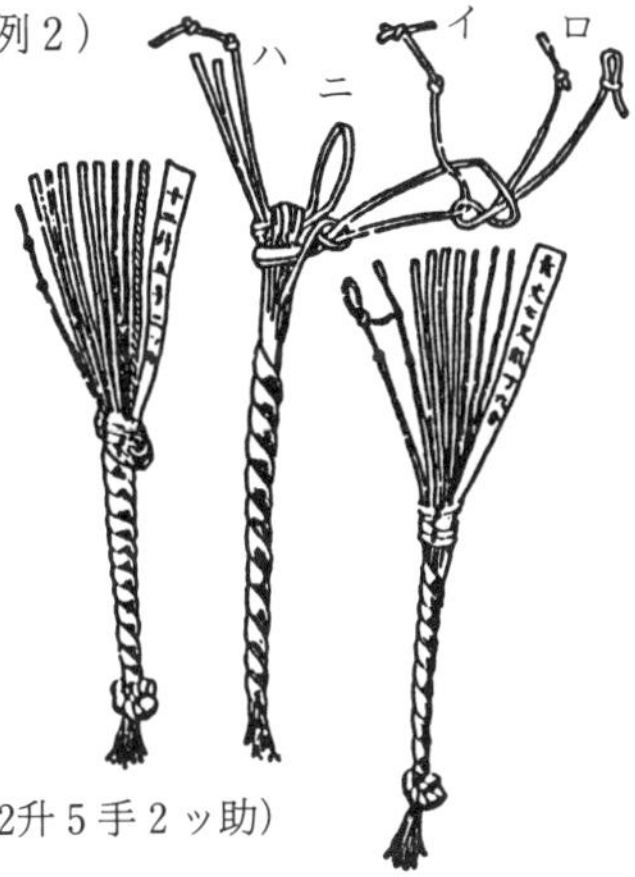

(12升 5 手 2 ッ助)

(1 丈 7 尺 2 寸 5 分)

二、地上絵と伝説

(155 ページ) おうぎ形 AOB の内部に，正方形 CDEF を作図する。(これは一辺 CD を決めると容易に描ける。) O，F を結び，その延長が円弧

と交わる点をSとし，点Sから辺OBに平行線SP，垂線SRを引くと，正方形PQRSが描ける。

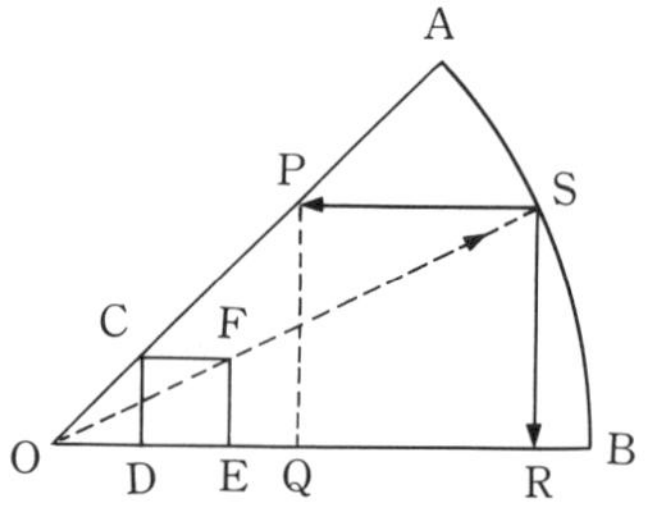

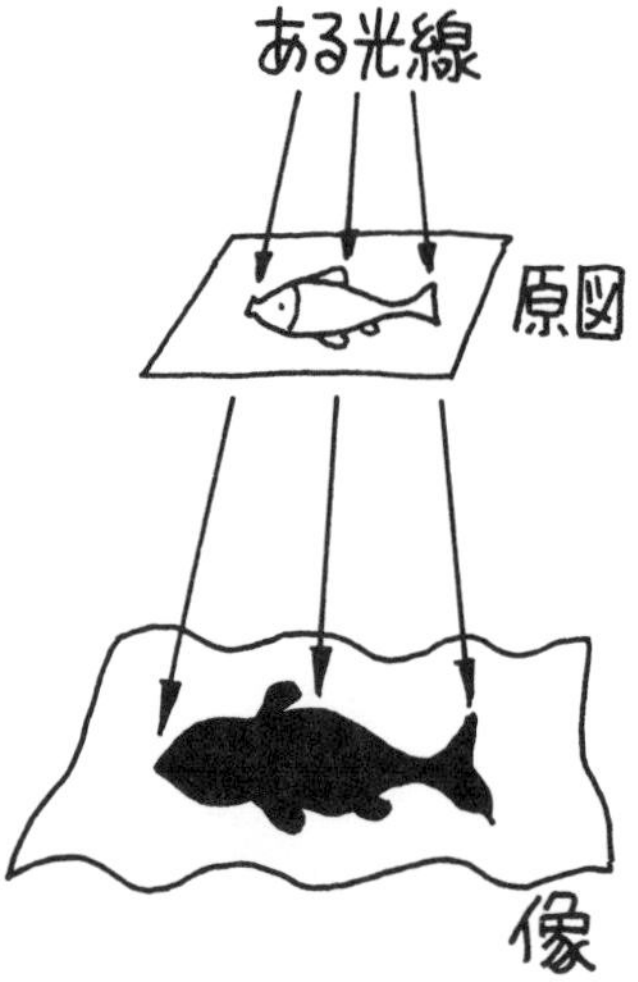

三、図形変換とその利用

（158ページ）一点からものを斜めに見たような変換。

四、空中絵の作製工夫

（161ページ）トポロジー変換

光線は点光源，平行光線のどちらでもよい。原図を受ける面が曲面であるもの。

五、〝コンドルは飛んでゆく〟

（165ページ）鯨瞰図

海底の様子を示す図で，電波探索船による作図やコンピュータ・グラフィックなどで鯨が海底を眺めたような立体。

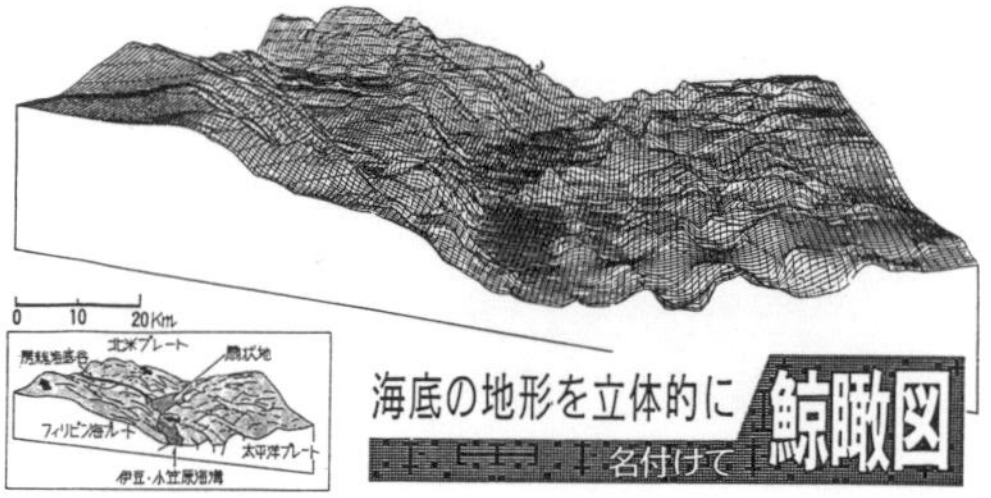

（1991年9月16日付　朝日新聞）

（166 ページ）上下線の電車は 2 時間たって出合うので，その間飛び続けたコンドルは，240 キロ飛ぶ。

暦のピラミッドの遠景。手前は生贄台